江苏省新型职业农民培训教材

物联网技术与智慧农业

WULIANWANG JISHU YU ZHIHUI NONGYE

姚振刚　主编

中国农业出版社

北　京

编 写 人 员

主　编　姚振刚

副主编　陈慧琴　吴玉娟

编　者　（以姓氏笔画为序）

过琦芳　吴玉娟　陈慧琴

姚振刚　谭　彦　燕　斌

写在前面的话

乡村振兴，关键在人。中共中央、国务院高度重视新型职业农民培育工作。习近平总书记指出，要就地培养更多爱农业、懂技术、善经营的新型职业农民。2018 年中央 1 号文件指出，要全面建立职业农民制度，实施新型职业农民培育工程，加快建设知识型、技能型、创新型农业经营者队伍。

近年来，江苏省把新型职业农民培育工作作为一项基础工作、实事工程和民生工程，摆到重要位置，予以强力推进，2015 年，江苏省被农业部确定为新型职业农民整体推进示范省。培育新型职业农民必须做好顶层设计和发挥规划设计的统筹作用，而教材建设是实现新型职业农民培育目标的基础和保障。我们多次研究"十三五"期间江苏省农民教育培训教材建设工作，提出以提高农民教育培训质量为目标、以优化教材结构为重点、以精品教材建设为抓手的建设思路。根据培训工作需求，江苏省农业委员会科教处、江苏省职业农民培育指导站组织江苏 3 所涉农高职院校编写了本系列培训教材。

本系列教材紧紧围绕江苏省现代农业产业发展重点，特别是农业结构调整，紧扣新型职业农民培育，规划建设了 28 个分册，重点突出江苏省地方特色，针对性强；内容先进、准确，紧跟先进农业技术的发展步伐；注重实用性、适应性和可操作性，符合现代新型职业农民培育需求；教材图文并茂，直观易懂，适应农民阅读习惯。我们相信，本系列培训教材的出版发行，能为新型职业农民培养及现代农业技术的推广与应用积累一些可供借鉴的经验。

编委会

2018 年 1 月

编写说明

　　为贯彻落实《国家中长期人才发展规划纲要（2010—2020年)》和《全国农业现代化规划（2016—2020年)》的部署，加快构建新型职业农民队伍，强化人才对现代农业发展和新农村建设的支撑作用，各地政府高度重视新型职业农民的培育工作。新型职业农民是以农业为职业、具有相应的专业技能、收入主要来自农业生产经营并达到相当水平的现代农业从业者。新型职业农民正在成为现代农业建设的主导力量。随着现代农业加快发展和农民教育培训工作的有效开展，一大批新型职业农民快速成长，一批高素质的青年农民正在成为专业大户、家庭农场主、农民合作社领办人和农业企业骨干，一批农民工、中高等院校毕业生、退役士兵、科技人员等返乡下乡人员加入新型职业农民队伍，工商资本进入农业领域，"互联网＋"现代农业等新业态催生一批新农民，新型职业农民正逐步成为适度规模经营的主体，为现代农业发展注入新鲜血液。本书在编写过程中，充分考虑了新型职业农民了解物联网技术与智慧农业的需求，从实用的角度出发，以培养综合素质好、生产技能强、经营水平高的新型职业农民为目标。

　　全书内容共七讲。第一讲介绍了物联网的基本概念、发展现状、核心技术、应用领域等，智慧农业的内涵、发展现状、核心技术、应用领域等。第二讲介绍了精准农业生产管理（智慧设施农业、智慧大田种植、智慧畜禽养殖、智慧水产养殖等）、农机装备定位和调度系统、农业病虫害防治系统等。第三讲介绍了基于物联网技术的农产品智能冷链物流系统、农产品质量溯源系统等。第四讲介绍了农业电商：门户网站、网店、微商、手机APP、微信公众号等在智慧农业经营管理中的应用。第五讲介绍了智慧新农村的概念、智慧新农村信息平台、物联网技术在智慧新农村生活中的应用等。第六讲介绍了大数据、云计算的概念，大数据、云计算在智慧农业中的具体应用等。第七讲介绍了随着物联网技术的发展，智慧农业的发展面临的机遇与挑战、发展需求与趋势、发展对策与建议等。

　　本书由姚振刚担任主编，陈慧琴、吴玉娟担任副主编，编写分工为：第一讲和第七讲由苏州农业职业技术学院姚振刚编写，第二讲由苏州农业职业技术学院过琦芳编写，第三讲由江苏农牧科技职业学院燕斌编写，第四讲由苏州农业职业技术学院谭彦编写，第五讲由江苏农牧科技职业学院陈慧琴编写，第六讲由江苏农林职业技术学院吴玉娟编写。

　　本书除了可以作为新型职业农民的培训教材外，也可以作为大中专院校农业物联网相关课程的入门教材。

　　由于编者水平有限，书中难免存在不妥之处，敬请广大读者批评指正（E-mail：240725595@qq.com）。

编　者
2018 年 4 月

目　录

写在前面的话
编写说明

第一讲　物联网、智慧农业概述 ……………………………………… 1

　一、物联网概述 ………………………………………………………… 1

　　（一）物联网的基本概念 …………………………………………… 1

　　（二）物联网的发展现状 …………………………………………… 1

　　（三）物联网的核心技术 …………………………………………… 2

　　（四）物联网的应用领域 …………………………………………… 3

　二、智慧农业概述 ……………………………………………………… 5

　　（一）智慧农业的内涵 ……………………………………………… 5

　　（二）智慧农业的发展现状 ………………………………………… 6

　　（三）智慧农业的核心技术 ………………………………………… 7

　　（四）智慧农业的应用领域 ………………………………………… 8

第二讲　基于物联网技术的智慧农业生产 ……………………… 10

　一、精准农业生产管理 ……………………………………………… 10

　　（一）智慧设施农业 ………………………………………………… 10

　　（二）智慧大田种植 ………………………………………………… 13

　　（三）智慧畜禽养殖 ………………………………………………… 16

　　（四）智慧水产养殖 ………………………………………………… 20

　二、农机装备定位和调度系统 ……………………………………… 23

　　（一）农机装备定位 ………………………………………………… 23

　　（二）农机调度管理系统 …………………………………………… 25

　三、农业病虫害防治系统 …………………………………………… 26

（一）农业病虫害防治系统总体架构 ·············· 27

（二）农业病虫害防治系统功能 ················ 28

第三讲　农产品智能物流、追溯体系 ·············· 29

一、农产品智能冷链物流管控系统 ·············· 29

（一）农产品冷链物流发展现状 ················ 29

（二）农产品仓储保鲜技术 ·················· 30

（三）农产品冷链物流保鲜控制技术 ·············· 32

（四）农产品智能冷链物流管控技术 ·············· 33

（五）案例：澳柯玛智能冷链物流管控系统 ·········· 34

二、基于物联网技术的农产品质量追溯系统 ········· 36

（一）农产品质量追溯系统概述 ················ 36

（二）农产品质量追溯系统的关键技术 ············ 37

（三）案例：江苏省农产品质量追溯系统 ··········· 38

第四讲　智慧农业经营管理 ·················· 40

一、智慧农业电子商务概述 ·················· 40

（一）现代农业与农业电子商务 ················ 40

（二）农业电子商务的核心技术 ················ 40

二、农业电子商务的具体应用 ················· 48

（一）种植业电子商务应用 ·················· 48

（二）养殖业电子商务应用 ·················· 50

（三）农产品加工业电子商务应用 ··············· 52

（四）农业移动电子商务应用 ················· 53

第五讲　智慧新农村信息平台 ················· 56

一、智慧新农村概述 ····················· 56

（一）智慧新农村概念 ···················· 56

（二）智慧新农村信息服务平台 ················ 57

二、智慧新农村具体应用 ··················· 58

（一）绿色能源 ······················· 58

（二）智慧医疗 ······················· 59

（三）智慧养老 ······················· 61

（四）智慧娱乐 ………………………………………… 61

第六讲　大数据、云计算在智慧农业中的应用 …………… 63

一、大数据、云计算概述 …………………………………… 63

（一）大数据 …………………………………………… 63

（二）云计算 …………………………………………… 64

二、农业大数据的应用 ……………………………………… 65

（一）农产品生产的大数据应用 …………………… 66

（二）农产品流通的大数据应用 …………………… 68

（三）农产品销售的大数据应用 …………………… 69

三、智慧农业云的应用 ……………………………………… 70

第七讲　智慧农业发展趋势和前景展望 …………………… 73

一、智慧农业发展面临的机遇与挑战 …………………… 73

（一）智慧农业发展面临的机遇 …………………… 73

（二）智慧农业发展面临的挑战 …………………… 73

二、智慧农业发展趋势 ……………………………………… 74

三、智慧农业发展对策与建议 …………………………… 75

（一）强化智慧农业技术创新与示范推广 ……… 75

（二）引导农业农村电子商务健康发展 …………… 75

（三）提高信息进村入户为农服务能力 …………… 77

（四）提升农业信息管理服务效能 ………………… 77

（五）推动农业大数据建设应用 …………………… 78

参考文献 ……………………………………………………… 79

第一讲 物联网、智慧农业概述

CHAPTER1

一、物联网概述

（一）物联网的基本概念

物联网概念最早是从电子产品代码、射频识别及传感网等发展而来的，物联网的产生与传感网、互联网、泛在网有着千丝万缕的关系，其理念是通过网络技术对传感网信息和 RFID（radio frequency identification，无线射频识别）信息进行远距离识别和处理。

1999 年美国麻省理工学院的教授提出了物联网的概念：把所有物品通过射频识别和条码等信息传感设备与互联网连接起来，实现智能化识别和管理。射频识别标签可谓是早期物联网最为关键的技术与产品环节，当时认为物联网最大规模、最有前景的应用是在零售和物流领域，利用 RFID 技术，通过计算机互联网实现物品（商品）的自动识别和信息的互联与共享。

2005 年，国际电信联盟（International Telecommunication Union，ITU）在 "The Internet of Things" 报告中对物联网概念进行扩展，提出世界上任何时刻、任何地点、任何物体之间都可以很方便地实现互联，形成一个无所不在的"物联网"。除 RFID 技术外，传感器技术、纳米技术、智能终端技术等，将得到更加广泛的应用。这使得物联网的定义和范围有了较大的拓展，不再只是基于 RFID 技术的物联网。

2010 年，中国政府工作报告所附的注释中对物联网做了如下说明："物联网是按照约定的协议，通过传感设备把网络连接起来，进行信息通信和交换，以实现智能化管理，监控、识别、定位、跟踪"。

（二）物联网的发展现状

改革开放以来，江苏经济经历了两次大的转型，第一次是发展乡镇企业，实现了由农到工的转变；第二次是发展开放型经济，实现了由内到外的转变。现在正在进行第三次转型，能否把握住新一轮科技与产业革命的大势，提升和改造传统产业，大力发展新经济，物联网是优先选项，也是一个重大战略选择。江苏有能力打造世界物联网发展的新高地，以此推动经济迈向中高端，加快实现由大到强的转变。目前，江苏物联网的发展具有需求强、基础好、前景广等特点。

1. 需求强 这是指内在的客观需求旺盛。江苏以实体经济见长，是制造业大省，增加值约占全国的 1/8、全球的 1.5%。江苏新旧产业更替正在加速推进，面广量大的传统产业急需改造提升。加快制造业转型，就是要实现制造业智能化、服务化。物联网能够促进产业之间相互渗透重组，推动新兴产业不断涌现，促进传统产业提振效能。物联网发展特质与江苏产业特色高度契合，物联网在江苏应用大有可为。

2. 基础好 这主要得益于先行实践形成的先发优势。物联网在江苏发展起步较早，2009 年国务院就在无锡市部署建设国家传感网创新示范区。以此为契机，江苏已经构筑了以无锡为核心，苏州和南京为支撑的一体两翼产业布局，突破了核心芯片、通信协议、协同处理、智能控制等关键技术，形成了覆盖信息感知、网络通信、应用处理、共性平台、技术支撑的产业体系，承担了多个国家重大应用示范工程，在全球近 30 个国家、200 多个城市都有物联网应用工程项目，主导或参与制定的物联网国际标准多达 20 项，产业规模多年保持高速增长，行业影响力不断提升。

3. 前景广 这主要表现为市场力量的蓬勃兴起。物联网已经具备了全面爆发的基础，现在进入了推动大规模应用的阶段。在这个过程中，需要一种力量来整合、来推动。这种力量来自哪里？一定来自于市场、来自于企业，就像互联网时代诞生了中国的 BAT［中国三大互联网公司，即百度公司（Baidu）、阿里巴巴集团（Alibaba）、腾讯公司（Tencent）］一样，物联网时代也一定会有 BAT 量级的企业在中国出现。江苏已经有一批物联网的探索者、推动者，像做基础研发的感知集团、做车联网的联创集团、做智慧能源的远景公司等，都已经形成了气候。不仅如此，江苏还有一批企业集团和科研院所，还有这些年孵化培育的近1 000 家创新型中小物联网企业，它们经受过市场经济的洗礼，正在抢抓机遇，加快发展，这当中完全有可能成长出本土物联网龙头企业，带动物联网发展壮大，并引领经济转型升级。

（三）物联网的核心技术

1. RFID 技术 射频识别是 20 世纪 90 年代兴起的一种非接触式自动识别技术，通常由电子标签和阅读器组成，可以实现物品的识别，有利于在不同状态下对各类物体进行识别与管理。

2. **传感器技术** 物联网技术的核心是信息的收集与反馈，信息收集需要依靠大量的传感器来完成。传感器是负责实现物联网中物与物、物与人信息交互的必要组成部分。一些先进的农用传感器如电化学离子传感器，用于土壤中氨、磷、钾和重金属含量的快速检测；生物传感器，用于禽流感快速检测；高致病性细菌检测传感器，用于食品品质、气体污染、排放监测等。农业传感器技术将朝着微型化、低功耗、低成本、支持即插即用、智能化、高可靠性的方向发展。

3. **无线传感器网络技术** 无线传感器网络是物联网中感知事物、传输数据的重要手段，构成了物联网的重要触角和神经。无线传感器网（wireless sensor networks，WSN）由部署在监控区域内大量的微型传感器节点组成，通过无线通信方式形成多跳的自组织网络。其目的是协作地感知、采集和处理网络覆盖区域中感知对象的信息，并发送给观察者。无线传感器网络技术是实现物联网广泛应用的重要底层网络技术，可以作为移动通信网络、有线接入网络的神经末梢网络，进一步延伸网络的覆盖。

4. **智能处理技术** 在互联网中，大量传感器采集的海量信息汇聚到业务平台，因此，对平台的信息处理存储、分析、数据挖掘提出了极高的要求。需要利用智能计算、模糊识别、智能控制、智能管理等各种智能处理技术，对海量的跨地域、跨行业、跨部门的数据和信息进行分析处理，实现智能化的决策和控制。

5. **通信技术** 物联网中的通信技术根据其作用不同大致可分为两类：一类是 Zigbee、WiFi、蓝牙、Z-wave 等短距离通信技术；另一类是低功耗广域网（low-power wide-area network，LPWAN），即广域网通信技术。LPWA 又可分为两类：一类是工作于未授权频谱的 LoRa、SigFox 等技术；另一类是工作于授权频谱下，3GPP 支持的 2G/3G/4G 蜂窝通信技术，比如 EC-GSM、LTE Cat-m、NB-IoT 等。

6. **安全技术** 大量物联网终端置于无人值守的环境中，而且终端节点数量巨大、感知节点组群化、移动性低，这对物联网终端的安全性提出更高的要求，具体包括防盗用、物理安全、通信安全、存储安全、终端应用运行环境安全等。

7. **平台服务技术** 一个理想的物联网应用体系结构，应当有一套共性能力平台，共同为各行各业提供通信的服务能力，如数据集中管理、通信管理、基本能力调用、业务流程定制、设备维护服务等。其中，常用的有机器到机器（machine to machine，M2M）平台、云服务平台等。

（四）物联网的应用领域

1. **智能仓储** 智能仓储是物流过程的一个环节，智能仓储的应用，保证了货物仓库管理各个环节数据输入的速度和准确性，确保企业及时、准确地掌握库存的真实数据，合理保持和控制企业库存。

2. 智慧物流　智慧物流以信息技术为支撑，在物流的运输、仓储、包装、装卸搬运、流通加工、配送、信息服务等各个环节实现系统感知。智慧物流能大大降低各行业的成本，提高企业利润。生产商、批发商、零售商三方通过智慧物流相互协作，信息共享，从而节省成本。

3. 智能家庭　在家庭日常生活中，物联网的迅速发展使人能够在更加便捷、更加舒适的环境中生活。人们可以利用无线机制来操控大量电器，还可迅速定位家庭成员位置等，因此，利用物联网可以对家庭生活进行控制和管理。

4. 智能医疗　在医疗卫生领域，物联网通过传感器与移动设备对生物的生理状态进行捕捉，如心跳频率、体力消耗、葡萄糖摄取、血压高低等生命指数。将这些数据记录到电子健康文件里，方便个人或医生进行查阅，还能够监控人体的健康状况，再把检测到的数据送到通信终端，可以避免一些不必要的重复检查，在医疗开支上可以节省费用，使得人们生活更加轻松。

5. 智能电力　在电力安全检测领域，物联网应用在电力传输的各个环节，如隧道、核电站等，而在这些环节中，资金也许达到千亿元的庞大规模，比如南方电网与中国移动之间的密切合作，通过 M2M 技术来对电网进行管理。在配变监控等领域，启用自动化计量系统，使南方电网与中国移动通信的故障评价处理时间缩减了一半。

6. 智能交通　以图像识别技术为核心，综合利用射频技术、标签等手段，对交通流量、驾驶违章、行驶路线、牌号信息、道路的占有率、驾驶速度等数据进行自动采集和实时传送，相应的系统会对采集到的信息进行汇总分类，并利用识别能力与控制能力进行分析处理，对机动车牌号和其他高档车进行识别、快速处置，为交通事件的检测提供详细数据。该系统的形成，会给智能交通领域带来极大的方便。

7. 智能农业　在农业领域，物联网的应用非常广泛，如地表温度检测、家禽的生活情形、农作物灌溉监视情况、土壤酸碱度变化、降水量、空气、风力、氮浓缩量、土壤的酸碱性和土地的湿度等，进行合理的科学估计，为农民在减灾、抗灾、科学种植等方面提供很大的帮助，完善农业综合效益。

8. 军事应用　当今时代，各国战争趋于信息化，对于作战要求以"看得通透、反应敏捷、打得精准"为目标，只有在信息摄取、传递和处理上占优势的一方才能获得战争的主动权。物联网凭借着自身的优势，可以在各种情形下获得有效军事信息，微传感器节点在战场中自动组网，摄取、传递战场信息，为取得胜利提供必不可少的情报支持。

二、智慧农业概述

(一) 智慧农业的内涵

智慧农业是农业生产的高级阶段，通过互联网、计算机、现代通信技术、物联网技术、现代化机械等高新技术应用，增强对农业生产环境条件的感知，实现农业可视化远程诊断、远程控制、灾变预警等智能化管理，加强对农业生产工人的管理，减少农产品流通损耗，实现农业的产、供、销的智能化、自动化、精细化。相对传统农业，智慧农业极大地提高了农业生产经营的综合效率，降低工作劳动强度和资源损耗，提高农产品附加值，保障农民增收。智慧农业的内涵主要是指在环境条件相对可控的情况下，利用工业化的生产模式，打造集约高效可持续发展的农业生产模式，将高新技术应用到农业生产的各个环境，配备高度智能化的专家系统进行分析和决策，使得农业生产各个环境的决策和运行更加智能化、自动化和标准化。

智慧农业对现代农业的发展具有非常重要的作用。智慧农业能够显著提高农业生产经营效率。通过传感器对农业环境的精准、实时、长期监测，利用云计算、数据挖掘等技术进行多层次深入分析，并将分析指令与各控制设备进行连接完成农业生产、管理和决策。这种智能机械代替人的农业劳作，不仅解决了农业劳动力日益紧缺的问题，而且实现了农业生产高度规模化、集约化、工厂化，提高了农业生产对自然环境风险的应对能力，使弱势的传统农业成为具有高效率的现代产业，发展智慧农业能够有效地改善农业生态环境。将农田、畜牧养殖场、水产养殖场等生产单位和周边的生态环境视为整体，并通过物质循环和能量流动关系进行系统、精准运算，保证农业生产的生态环境在其自身可调节范围内，如定量施肥不会造成土壤板结，也不会因营养流失导致富营养化；经处理后的畜禽的粪便不会造成水和大气的污染，反而有利于改善土壤结构和提高土壤肥力。"智慧农业"能够彻底转变农业生产者、消费者观念和组织体系结构。完善的农业科技和电子商务网络服务体系，使农业相关人员足不出户就能够远程学习农业知识，获取各种科技和农产品供求信息；专家系统和信息化终端成为农业生产者的大脑，指导农业生产经营，改变了单纯依靠经验进行农业生产经营的模式，彻底转变了农业生产者和消费者对传统农业落后、科技含量低的观念。

另外，智慧农业阶段，农业生产经营规模越来越大，生产效益越来越高，迫使小农生产被市场淘汰，必将催生以大规模农业协会为主体的农业组织体系。智慧农业功能构建包括特色有机农业示范区、农科总部园区和高端休闲体验区，有利于促进农业的现代化精准管理、推进耕地资源的合理高效利用。

智慧农业实现现代化农业生产环境的智能感知、智能预警、智能决策、智能分析、专家在线指导，为农业生产提供精准化种植、可视化管理和智能化决策。除了精准感知、控制与决策管理外，广泛意义上，智慧农业还包括农业电子商务、食品追溯防伪、农业休闲旅游、农业信息服务等方面的内容。

（二）智慧农业的发展现状

我国是农业大国，农业是我国的传统和基础产业。我国政府部门高度重视农业的发展，先后印发了《"十三五"农业科技发展规划》《关于加快推进农业科技创新持续增强农产品供给保障能力的若干意见》《全国农业现代化规划（2016—2020 年)》等文件，全力支持"十三五"期间我国农业的发展。

随着物联网技术的不断发展，越来越多的技术应用到农业生产中。目前，RFID 电子标签、远程监控系统、无线传感器监测、二维码等技术日趋成熟，并逐步应用到了智慧农业建设中，提高了农业生产的管理效率、提升了农产品的附加值、加快了智慧农业的建设步伐。

智慧农业建设的脚步日益加快，先进的农业应用系统被广泛推广，越来越多的农民群众接受了这种"开心农场"式的生产方式。目前，利用 RFID、无线数据通信等技术采集农业生产信息，以帮助农民及时发现问题，并且准确地确定发生问题的位置，使农业生产自动化、智能化，并可远程控制。比较典型的应用有：

宁波地区用物联网技术栽培葡萄。通过点击鼠标，中心基站的 1 台电脑页面显示 1 串参数。附近 10 亩 * 葡萄园内的土壤温度、水分含量、空气湿度等一目了然。这些即时数据是由看不见的无线传输网络来完成采集和传送的，可减少人工成本的 1/3 以上。

郴州智能大棚。2010 年 5 月 31 日，郴州烟草专卖局将物联网技术应用于郴州烟草现代农业示范基地的建设，实时采集数据，为烟草作物生长对温、湿、光、土壤的需求规律提供精准的科研实验数据。通过智能分析与联动控制功能，及时精确地满足烟草作物生长对环境各项指标要求；通过光照和温度的智能分析和精确干预，使烟叶作物完全遵循人工调节等高效、实用的农业生产效果。

---

* 亩为非法定计量单位，1 亩≈666.67 米²。

锦州M2M（机器到机器）技术让农民"在家种菜"。锦州市农村工作委员会成功将M2M技术应用于农业温室大棚监控，利用短信报警和远程监控技术实现了对农业大棚的高效管理。该系统由传感器将室内的温度、湿度、光照、二氧化碳浓度传至通信模块，由通信模块通过GPRS网络传到M2M平台，指标的数据超过预警阈值就产生告警，平台将告警信息以短信的形式发送到大棚工作人员的手机上。同时工作人员利用远程终端登录M2M平台及时提取和查看数据，实现自动监控。

广西农产品质量追溯升级，柑橘有了"身份证"。广西农垦源头农场全面建立农产品质量追溯系统。在源头农场，柑橘带着小小的"身份证"远销海内外。这张"身份证"就是农产品质量安全追溯系统的安全信息条码，不仅提升了农产品质量安全水平和全程监管能力，还带来了经济效益。

南京某物联网公司为某农场开发的物联网技术应用案例。这家农场近30个标准化大棚内，布满了40多个温度、湿度、视频、光照等类型的传感器，利用传感器采集数据，系统实时绘制出一目了然的数值空间分布场图，通过物联网模块传输数据，操作人员凭着电脑和手机就能对蔬菜进行实时了解和监控。

在江苏宜兴市新建镇新建村，"物联网"技术则应用到养殖业，切切实实为当地的蟹农们"养"起了螃蟹，蟹农们用手机能随时随地了解养殖塘内的溶氧量、温度、水质等指标参数，并操控自动投喂机按预先设定的间隔时长、投喂量为塘区的水产动物投喂饲料。监控几十亩的水塘，不到10分钟就可以全部完成。

山东省七级镇为推广食用菌种植，2011年给冬暖棚配备智能化喷淋系统。解决了食用菌种植的技术"瓶颈"，为菌农们带来了巨大收益。

虽然，目前国内在农业物联网方面的研究工作方兴未艾，也取得了较多的技术积累，但与欧美等发达国家相比，我国的农业物联网发展还处在起步阶段，尤其体现在应用方面。从已发表的论文和专利看，多数只就问题的一个侧面介入，大多数技术只是在某一生产或流通过程中进行应用，而未涉及农业生产及流通整个体系，在大面积、大范围对众多技术实施集成并强调综合生产成本的研究则不多见。

（三）智慧农业的核心技术

根据信息生成、传输、处理和应用的原则，可以把农业物联网分成感知层、传输层、处理层和应用层。

1. **感知层** 感知层是让物品对话的先决条件，即以传感器、RFID、GPS（global positioning systems，全球定位系统）、RS（remote sensing，遥感技术）、

条码技术，采集物理世界中发生的物理事件和数据，包括各类物理量、身份标识、情境信息、音频、视频等数据，实现"物"的识别。

2. 传输层 传输层具有完成大范围的信息传输与广泛的互联网功能，即借助于现有的广域网技术（如 SMDS 网络、3G/4GLTE 移动通信网、因特网等）与感知层的传感网技术相融合，把感知到的农业生产信息无障碍、快速、高安全、高可靠地传送到所需的各个地方，使物品在全球范围能够实现远距离、大范围的通信。

3. 处理层 处理层通过云计算、数据挖掘、知识本体、模式识别、预测、预警、决策等智能信息处理平台，最终实现信息技术与行业的深度融合，完成物品信息的汇总、协同、共享、互通、分析、预测、决策等功能。

4. 应用层 应用层是农业物联网体系结构的最高层，是面向终端用户的，可以根据用户需求搭建不同的操作平台。农业物联网的应用主要实现大田种植、设施园艺、畜禽养殖、水产养殖以及农产品流通过程等环节信息的实时获取和数据共享，从而保证产前正确规划以提高资源利用率，产中精细管理以提高生产效率，产后高效流通以实现安全溯源等多个方面，促进农业的高产、优质、高效、生态、安全。

（四）智慧农业的应用领域

1. 综合感知 监测作物生长和环境变化，实现对温度、湿度、光照、二氧化碳等环境条件的高精准度监测和严格控制，创造植物生长的最适条件，同时减少能源消耗。

2. 远程可视 直观了解生产过程，实时监控基地农产品长势情况、生长环境、病虫害及生产工人现场操作情况等；并可查询历史影像，实现溯源。

3. 智能灌溉 通过无线传感采集土壤环境和作物长势等信息，与设定值进行比较，根据信号差值进行电磁阀开关控制和智能灌溉，并将水、液态有机肥、植保微生物协同施用，支持智慧农业和精准农业技术体系的建设，提高生产效率，降低人工成本。

4. 数据集成 充分发挥了海量数据存储和处理的优势，将所采集到的土壤墒情数据、RFID 数据、冷库温湿度数据、车载 GPS 数据等实时地存储到动态数据库（iHyper DB）中，供监控、趋势分析和数据挖掘应用。

5. 预警预报 基于物联网感知的大数据，进行采集、存储、挖掘与分析，筛选影响有机蔬菜生长与病虫害发生等的关键因子，建立有机蔬菜生长模型与病虫害预警预报模型，推进物联网和大数据的应用。

6. **物流监控**　采用无线传感、GPS、GIS（geography information systems，地理信息系统）、路径优化算法等技术，建立冷链物流调配系统，包括随时定位、轨迹查询、路径优化、APP 短信提醒等功能。实现对车辆、车内环境及配送人员的位置信息的监控、调度、管理等功能和综合运营服务，降低运营成本。

7. **质量追溯**　建立农产品质量可追溯体系，结合第三代编码技术——彩色三维码，对农产品从原料采购到播种、生产过程、生长环境、收割包装、运输和销售等环节实现监测与安全管理，实现"农田到餐桌"的全过程产品质量控制及可追溯，保障食品安全。

8. **电商平台**　以移动互联网为核心，在大数据支持下着力打造信息化水平高、操作简便的电子商务、微信商城、云商城等平台，建立高效的农产品营销体系。将农产品生产、加工、营销有机结合，缩短农产品销售周期，减少中间环节，降低流通成本，促进农业增效、农民增收。

第二讲 基于物联网技术的智慧农业生产

CHAPTER2

一、精准农业生产管理

（一）智慧设施农业

1. 智慧设施农业总体架构　智慧设施农业，是在环境相对可控的条件下，采用物联网技术，进行动植物高效生产的一种现代农业方式。设施农业物联网由传感设备、传输设备和服务管理平台共同组成。通过传感设备实时采集温室内的空气温度、湿度、二氧化碳浓度、光照度、土壤水分、土壤温湿度等数据，将数据通过电信运营商的无线通信网络传送到服务管理平台。服务管理平台对温室内的实时环境参数进行分析处理，并根据获取的各种环境参数自动控制温室内的风机、遮阳帘、水阀等机电设备，使农作物处于最适宜的生长环境，同时根据农业专家系统高效科学地进行施肥、灌溉、喷药等作业，显著减轻设施作业人员的劳动强度，显著提高劳动生产率，节约生产成本，提高产量。设施农业物联网总体架构如图 2-1 所示。

2. 智慧设施农业主要功能

（1）温室环境智能监测。设施农业物联网的应用一般对温室生产的 7 个指标进行监测，即通过无线传感器节点（安装了土壤、气象、光照等传感器的无线终端），实现对温室的温、水、肥、电、热、气、光等环境信息以及作物长势情况实时监测，并通过无线网络远程传送到用户服务管理平台，由服务管理平台对所采集的信息进行分析和处理。各功能传感器节点可根据种类、种植面积的不同，进行相关数量和部署位置的调整。无线传感器节点布置如图 2-2 所示。

（2）温室环境自动控制。温室环境自动控制就是依据温室内外安装的温湿度传感器、光照度传感器、二氧化碳传感器、室外气象站等采集或观测的信息，通过控制器控制驱动/执行机构（如风机、滴灌设备、遮阳设备、补光灯等），对温室内的环境参数（如温湿度、光照度、二氧化碳浓度等）以及灌溉施肥进行调节控制，以达到栽培作物的生长发育的需求。完整的控制系统包括控制器（包括控

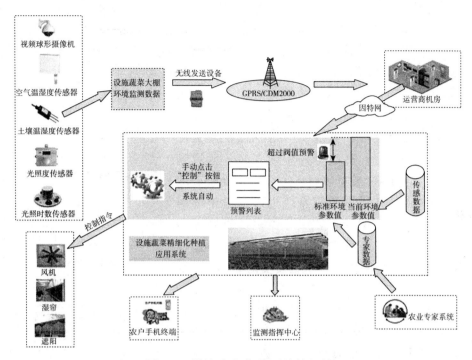

图 2-1 设施农业物联网总体架构

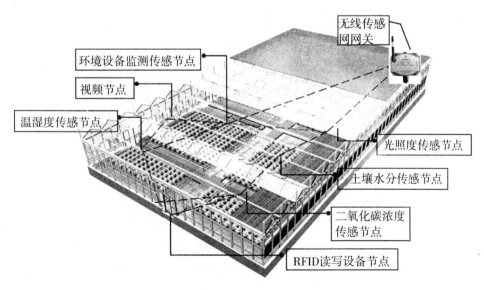

图 2-2 无线传感器节点布置示意

制软件)、传感器和执行机构。而控制单元由测控模块、电磁阀、配电控制柜及安装附件组成，通过 GPRS 模块与管理监控中心连接，实现自动控制和调节。在具体安装时，温室内一般需要安装和配备以下设备：土壤水分传感器、土壤温湿度传感器、空气温湿度传感器、无线测量终端和摄像头，通过无线终端，可以实时远程监控温室环境和作物长势情况。在连栋温室内安装一套视频监控装置，通过 4G 或宽带技术，可实时动态展现自动控制效果。并且该测控系统可以通过中继网关和远程服务器双向通信，服务器也可以做进一步决策分析，并对所部署的灌溉等装备进行远程管理控制。连栋温室测控点示意及实物如图 2-3 及图 2-4 所示。

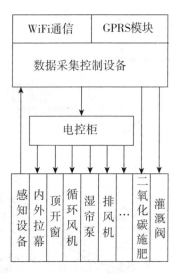

图 2-3　连栋温室测控点示意

（3）远程查询。农户使用手机或电脑登录系统后，可以实时查询温室内的各项环境参数、历史温湿度曲线、历史机电设备操作记录、历史照片等信息；登录系统后，还可以查询当地的农业政策、市场行情、供求信息、专家通告等，实现有针对性的综合信息服务。

图 2-4　连栋温室测控点实物

（4）自动报警。在控制软件中预先设定适合条件的上限值和下限值，设定值可根据农作物种类、生长周期和季节的变化进行修改。某个数据超出限值时，系统立即将警告信息发送给相应的农户，提示农户及时采取措施。

3. 应用案例

宜兴市阳羡茶文化生态园建成 8 000 多米² 的智能化玻璃温室,实现环境感知和自动控制。目前,主要培育生产蝴蝶兰。整个智能温室监控系统是基于精确传感、智能处理及自动控制等物联网技术,集数据和图像实时采集、无线传输、智能处理和预测预警、信息发布、辅助决策等功能于一体的温室环境智能控制系统。该系统根据大棚内的温湿度、光照度、土壤水分、视频图像等监测数据实时调整控制湿帘风机、喷淋滴灌、内外遮阳、顶窗侧窗、加温补光灯设备,保证大棚内环境最适宜作物生长,为蔬菜、花卉等作物优质、高产、高效创造条件。图 2-5 所示为玻璃温室大棚,图 2-6 所示为系统监控平台。

图 2-5 玻璃温室大棚

图 2-6 系统监控平台

(二) 智慧大田种植

1. 智慧大田种植总体架构

智慧大田种植是物联网技术在产前农田资源管理、产中农情监测和精细农业作业以及产后农机指挥调度等领域的具体应用。大田种植物联网通过实时信息采集,对农业生产过程进行及时的管控,建立优质、高产、高效的农业生产管理模式,以确保农产品在数量上的供给和品质上的保证。其主要包括以土地利用现状数据库为基础,应用 3S 技术 (RS、GIS、GPS) 快速准确掌握基本农田利用现状及变化情况的基本农田保护管理信息系统;自动监测农作物需水量，对灌溉的时间和水量进行控制，智能利用水资源的农田智能灌溉系统；实时观测土壤墒情，进行预测预警和远程控制，为大田农作物生长提供合适水环境的土壤墒情监测系统；采用测土配方技术，结合 3S 技术和专家系统技术，根据作物需肥规律、土壤供肥性能和肥料效应，测算肥料的施用数量、施肥时期和施用方法的测土配方施肥系统；采集、传输、分析和处理农田各类气象因子，远程控制和调节农田小气候的农田气象监测系统；根据农作物病虫害发生规律或观测得到的病虫害发生前兆，提前发出警示信号、制订防控措施的农作物病虫害预警系统。大田种植物联网框架结构如图 2-7 所示。

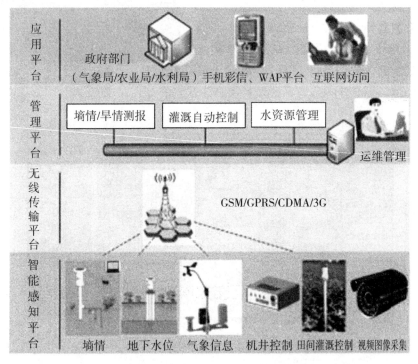

图 2-7　大田种植物联网框架结构

　　大田种植所涉及的种植区多为野外区域，面积一般较为广阔，因此需要监控的范围也较大，而且野外传输受到天气等因素的影响，传输信号的稳定性成为关键。由于传输距离较远，数据采集单元较多，采用有线传输的方式往往无法满足实际的业务需求，也不切合实际，因此远距离的低速数据无线传输技术成为农业信息传输需求的关键技术需求。

　　2. 大田种植环境监控系统　大田种植环境监控系统主要实现土壤、气象和水质等信息的自动监测和远程控制，系统主要包括三大部分。一是环境信息采集系统，利用各种监测传感器，主要包括空气温湿度传感器、雨量传感器、风速风向传感器、光照度传感器、土壤温湿度传感器等，实时观测土壤水分、温度、地下水位、地下水质、作物长势、农田气象信息。二是数据传输系统，无线传输模块通过 GPRS/4G 无线网络将传感器采集的数据传输到因特网中的一台主机上，实现数据远程的透明传输。三是设备管理和控制系统，执行设备是指用来调节农田小气候的各种设备，主要包括二氧化碳生产器、灌溉设备；控制设备是指掌控数据采集设备和执行设备工作的数据采集控制模块，主要作用为通过智能气象站系统的设置，掌握数据采集设备的运行状态，根据智能气象站系统发出的指令，掌握执行设备的开启和关闭。图 2-8 所示为作物生长监测诊断设备，图 2-9 所示为喷灌系统。

图 2-8　作物生长监测诊断设备　　　　图 2-9　喷灌系统

3. **施肥管理测土配方系统**　施肥管理测土配方系统是指建立在测土配方技术的技术上，以 3S 技术和农业专家系统技术为核心，以土壤测试和肥料田间试验为基础，根据作物需肥规律、土壤供肥性能和肥料效应，在合理施用有机肥料的基础上，提出氮、磷、钾及中、微量元素等肥料的施用数量、施肥时期和施用方法的系统。测土配方系统主要应用于耕地地力评价和施肥管理两个方面。

（1）地力评价与农田养分管理。利用测土配方施肥项目的成果对土壤的肥力进行评估，利用 GIS 技术和耕地资源基础数据库，应用耕地地力指数模型，建立耕地地力评价系统，为不同尺度的耕地资源管理、农业结构调整、养分资源综合管理和测土配方施肥指导服务。

（2）施肥推荐系统。借助 GIS 技术，利用建立的数据库和施肥模型库，建立配方施肥决策系统，为科学施肥提供决策依据。GIS 与决策支持系统的结合，形成空间决策支持系统，解决了传统的配方施肥决策系统的空间决策问题，以及可视化问题。目前 GIS 与虚拟现实技术的结合，提高了 GIS 图形显示的真实感和对图形的可操作性，进一步推进了测土配方施肥的应用。

4. 应用案例　宜兴市高滕镇建立了 2 000 亩的大田种植核心示范区，辐射面积 2 万余亩，包括科研试验区、技术展示区、生产区等多个功能区域。种植基地以水稻、小麦等主要农作物为研究对象，确立基于特征反射光谱的稻麦生长参数与生产力形成的无损监测机理与定量方法，构建基于光谱的稻麦生长动态监测模型，研发基于监测、预测、评价的稻麦生长与生产力预警系统。

针对大田作物生态环境监测效率低、监测点少、监测数据不准确和不全面等问题，用物联网技术，构建包括土壤温湿度、空气温湿度、风向风速、降水、辐射等参数，集成无线通信技术，形成具有无线接口的农田环境监测传感系统，搭建作物生长、田间管理信息采集及决策咨询、信息查询等移动终端平台。图 2-10 为稻麦种植示范区。

图 2-10　稻麦种植示范区

（三）智慧畜禽养殖

1. 智慧畜禽养殖总体架构　民以食为天，食以安为先，智慧畜禽养殖在现代农业中显得尤为重要，相关的物联网技术更是重中之重。随着畜禽养殖逐渐向规模化、集约化方向发展，我国畜禽养殖生产也面临着一些亟待解决的问题。例如畜禽养殖环境缺乏有效及时的监控手段；畜禽养殖场缺乏对畜禽个体的远程视频监测，现有畜禽疾病诊断技术缺乏实时的信息采集、传输、诊断和反馈的手段，信息采集技术落后、传输手段单一。要解决畜禽养殖生产过程中所面临的一系列问题,以物联网技术为代表的信息技术无疑为相关问题的解决提供了很好的途径。

智慧畜禽养殖是指采用先进传感器技术、智能传输技术和农业信息处理技术,通过对畜禽养殖环境信息的智能感知、安全可靠传输以及智能处理,实现对畜禽养殖环境信息的实时在线监测与智能控制,健康养殖过程精细投喂、畜禽个体行为监测、疾病诊断与预警、育种繁育管理。畜禽养殖物联网为畜禽营造最佳的养殖环境,彻底摆脱传统养殖业对人员管理的高度依赖,最终实现畜禽养殖集约、高产、高效、优质、健康、安全的目的。智慧畜禽养殖总体架构如图 2-11 所示。

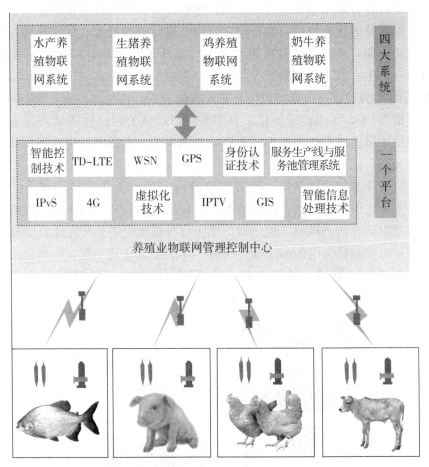

图 2-11 智慧畜禽养殖总体架构

2. 畜禽养殖物联网主要建设内容

(1) 养殖环境监控系统。利用传感器、无线传感网络、自动控制、射频识别等现代信息技术，对养殖环境参数进行实时监测，并根据畜禽生长的需要，对畜禽养殖环境进行科学合理的优化控制，实现畜禽环境的自动监控，以达到畜禽养殖集约、高产、高效、优质、健康、节能、安全的目的。

（2）畜禽精细喂养系统。主要采用动物生长模型、营养优化模型、传感器、智能设备、自动控制等现代信息技术，根据畜禽生长周期、个体重量、进食周期、食量以及进食情况等信息对畜禽的饲料喂养的时间、进食量进行科学的优化控制，实现自动化饲料喂养，以确保节约饲料、降低成本，减少污染和病害发生，保证畜禽食用安全。

（3）畜禽育种繁殖系统。主要运用传感器技术、预测优化模型技术、射频识别技术，根据基因优化原理，在畜禽繁育中，进行科学选配、优化育种，科学检测母禽发情周期，从而提高种禽繁殖效率，缩短出栏周期，减少繁殖家畜饲养量，进而降低生产成本和饲料。

3. **应用案例**　宜兴市新坤兴生态农业有限公司，占地 230 亩，现有母猪 600 头、种公猪 20 头，年出栏瘦肉猪 1 万多头。目前该公司已建成猪舍环境物联网系统、生猪质量追溯系统和生态安全在线监测系统，实现智能化管理和循环化发展的有机统一。

（1）猪舍环境物联网系统。通过在猪舍内安装二氧化碳传感器、氨气传感器、温湿度传感器，实现猪舍内环境参数的在线监测，并利用无线网络传输现场的环境信息对猪舍内的风机、加热器、照明灯等机电设备进行在线自动和远程联动调控，及时控制猪舍内的温湿度、有害气体浓度等环境参数，使之处于正常范围，从而改善生产环境。通过该系统的应用，养殖料肉比由原来的 3.3 降到 3.0，每年可节约增效 50 万元以上。猪舍环境物联网系统如图 2-12 所示。

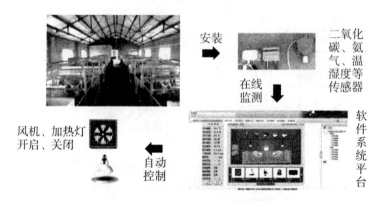

图 2-12　猪舍环境物联网系统

（2）生猪质量追溯系统。以 RFID 技术为支撑，为每头猪佩戴 RFID 技术的电子耳标，实现单位精确饲喂、母猪发情检测、待处理母猪分离的全程自动化，实时记录每头生猪的生产全过程信息，实现生产信息可查询，质量安全可追溯。该系统投入使用后，有效提高了母猪产仔率，由原先的 15 头提高至 24 头以上，每年可为猪场带来 100 万元以上的经济效益。图 2-13 为智能化养猪场，图 2-14 为生猪质量追溯系统示意。

图 2-13　智能化养猪场

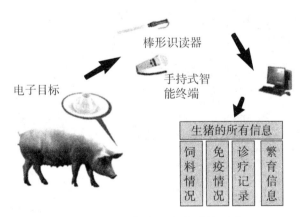

图 2-14　生猪质量追溯系统示意

（3）生态安全在线监测系统。通过安装 COD、pH 传感器，对猪场排放进行在线监测，确保无害化排放，并依托循环农业技术，对养殖废水进行资源化、循环化利用，有效解决农业资源污染。

（四）智慧水产养殖

1. **智慧水产养殖总体框架**　水产养殖物联网是农业物联网的一个重要领域，是指采用先进的传感技术、智能传输技术、智能信息处理技术，通过对养殖水质及环境信息的智能感知、安全可靠的传输、智能处理以及智能控制，实现对水质和环境信息的实时在线监测、异常报警和智能控制，实现健康养殖过程的精细投

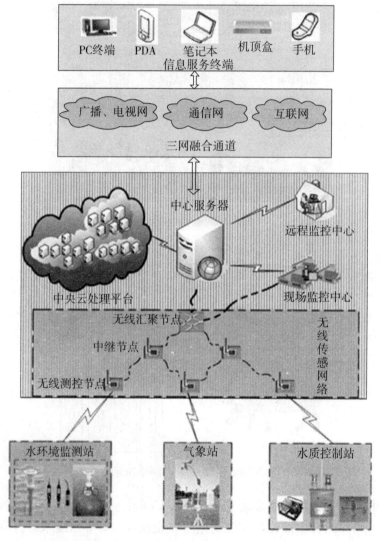

图 2-15　水产养殖物联网的总体架构

喂以及疾病实时预警与远程诊断，改变传统水产养殖存在的养殖现场缺乏有效监控手段、水产养殖饵料和药品投喂不合理、水产养殖疾病频发的问题。水产养殖物联网的总体架构如图 2-15 所示，主要由养殖环境信息智能监控终端、无线传感网络、现场及远程监控中心、云信息服务系统等部分组成。

2. 水质智能监控系统　水质是水产养殖最为关键的因素，水质好坏对水产养殖对象的正常生长、疾病发生甚至生存都起着极为重要的作用。水质智能监控系统就是通过物联网技术实时在线监测水体温度、pH、DO、盐度、浊度、氨氮、COD、BOD 等对水产品生长环境有重大影响的水质参数，太阳辐射、气压、雨量、风速、风向、空气温湿度等气象参数，在对所检测数据变化趋势及规律进行分析的基础上，实现对养殖水质环境参数预测预警，并根据预测预警结果，智能调控增氧机、循环泵等养殖设施，实现水质智能调控，为养殖对象创造适宜水体环境，保障养殖对象健康生长。水质智能监控系统一般由水环境监测点、无线控制网关、气象站和综合服务平台组成。

（1）水环境监测点。监测点包括无线数据采集终端与智能水质传感器，主要完成对溶解氧、pH、温度等各种水质参数的实时采集、在线处理与无线传输。图 2-16 所示是溶解氧传感器，图 2-17 所示是便携式溶解氧测定仪。

图 2-16　溶解氧传感器　　　　图 2-17　便携式溶解氧测定仪

（2）无线控制网关。利用无线传感网络和具有 GPRS 通信功能的微处理器（网关），实现现场显示、控制以及远程控制的功能。无线控制网关汇聚水环境监测点采集的数据，并接收手机客户端发送的短信以及电脑网络的控制指令，通过电控箱控制各种水质调控设备动作。无线控制网关如图 2-18 所示。

（3）气象站。气象站主要完成对风速、风向、空气温湿度、太阳辐射以及雨量等气象数据的实时采集、在线处理与无线传输。依据气象数据可分析水质参数

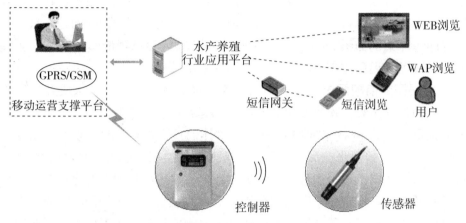

图 2-18　无线控制网关示意

与天气变化的关系，以便更好地预测水质参数的变化趋势，提前采取调控措施，保证水质良好。气象站实物如图 2-19 所示。

（4）综合服务平台。包括水质监控、预测、预警系统。通过水质智能控制计算，实现现场数据获取、系统状态反馈、系统预警、系统报警、系统控制等功能。

3. 精细投喂智能决策系统　以鱼、虾、蟹在各养殖阶段营养成分需求，根据各养殖品种长度与重量关系，光照度、水温、溶氧量、养殖密度等因素与饵料营养成分的吸收能力、饵料摄取量关系，借助养殖专家经验建立不同养殖品种的生长阶段与投喂率、投喂量间定量关系模型。利用数据库技术，对水产品精细饲养相关的环境、群体信息进行管理，建立适合不同水产品的精细投喂决策系统，解决喂什么、喂多少、喂几回等精细喂养问题，而且也能为水产品质量追溯提供数据资料。

图 2-19　气象站实物

养殖户可登录水产品养殖物联网系统，选择饲料投喂决策，输入摄食养殖面积、养殖密度、水草覆盖率、最高溶解氧等参数，建立系统模型。为养殖户提供当天的投喂建议，包括植物性和动物性饲料的比例，以确保投喂科学性，提高饲料利用率，节约养殖生产成本。

4. **远程疾病诊断系统** 利用图像远程无线传输技术，突破地域限制和技术瓶颈，实现养殖户现场拍照、专家远程诊断，大大缩短疾病诊断时间，提高对病害的治疗和控制力。养殖户可通过手机客户端对养殖的水产品患病情况进行拍照，并添加相应的文字描述，经过移动 GPRS 网络，把这些信息传送到诊断平台，水产专家运用专用手机或网络平台即时查看病因，并进行诊断咨询，为养殖户提供应对措施和建议。

5. **应用案例** 宜兴市高滕镇已建成 1 万亩标准化核心示范区。该系统实现养殖户养殖池塘溶解氧、水温、pH 等水质参数的实时监测。养殖户对现场设备进行定时开关、自动检测、短信报警或者网络控制等操作。根据池塘实时监测数据，可通过江苏省 12316 惠农短信平台，对全市 2 000 余户河蟹养殖大户发送预警短信，及时提供天气预报式的水质预报服务、饲料投喂决策服务和疾病远程诊断服务。图 2-20 所示为水产养殖物联网系统平台。

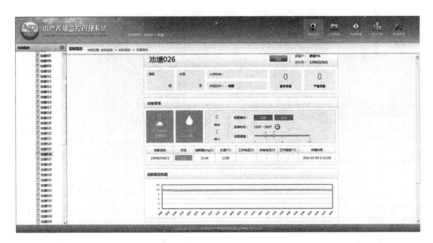

图 2-20　水产养殖物联网系统平台

二、农机装备定位和调度系统

（一）农机装备定位

1. **GPS 定位技术** GPS 技术即全球定位系统，是指利用卫星在全球范围进行实时定位、导航的技术。利用该技术，用户可以在全球范围实现全天候、连续、实时的三维导航定位和测速；另外，利用该系统，用户还能够进行高精度的时间传递和高精度的精确定位。GPS 在农业上主要用于定位处方农作以及田间农机具的自主导航。在定位信息采集和定位处方农作上，GPS 主要用于田间信息和作业机具的准确定位，结合土壤中含水量，氮、磷、钾、有机质含量及作物病虫害、杂草分布情况等不同的田间信息，辅助农业生产中的灌溉、施肥、喷药、除草等田间作业。在定位导航上主要是在一些农机具上安装 GPS 接收机，通过 GPS 信号精确指示机具所在位置坐标，从而可以对农业机械田间作业和管理起导航作用。

农机装备定位技术的关键是 GPS 平台的构建。主要工作流程是由安装在农机装备上的 GPS 终端接收 GPS 卫星信号测定的当前农机装备的位置，同时由车辆终端采集系统采集当前农机装备的行驶速度、油量等状态信息，经由无线通信网络将这些信息发送到监控中心和数据存储中心。监控中心服务系统将位置和其余状态属性信息匹配在电子地图上，直观地显示农机装备的相对位置。GPS 定位示意如图 2-21 所示。

图 2-21　GPS 定位示意

2. 农机田间作业自主导航　随着大功率、复杂功能作业机械的不断发展，人工驾驶难度增加，作业质量难以保证，需要借助自动控制技术保证作业农机按照设计路线高速行驶和良好的机组作业性能。自动导航技术可以保证实施起垄、播种、喷药等农田作业时衔接行距的精度，使农机具备自定位、自行走能力，实现无人驾驶。减少农作物生产投入成本，提高田间作业质量，避免作业过程产生衔接行的遗漏，降低成本，增加经济效益。应用自动驾驶技术可以提高农机的操作性能，延长作业时间，可以实现夜间播种作业，大大提高了机车的出勤率与时间利用率，减轻驾驶员的劳动强度，在作业过程驾驶员可以用更多的时间注意观察农具的工作状况，有利于提高田间作业质量。

农机田间作业导航主要有三类导航方法：一是机器视觉导航，利用一种非接触边界跟踪传感器，通过实时识别田间的局部导向特征或田间的作物状态图像，如作物行列、田埂、行距等来引导农机进行田间作业。二是GPS姿态传感器导航，主要依靠GNSS（全球导航卫星系统）、作业机械运动姿态传感器等，在作业过程中实时监测农机位置和姿态信息，通过信号融合技术实现GPS绝对定位和相对位置，以提高导航定位精度。三是多传感器融合导航，由于仅仅利用单一传感器的导航系统往往会造成作业精度不高或系统工作不稳定。因此，基于信号融合处理方法，采集两种或多种传感器数据并行融合处理，从而提高系统的性能。

（二）农机调度管理系统

1. **农机调度管理系统总体架构**　是一个依托GSM数字公众通信网络全球导航卫星系统和地理信息系统技术为各个省市县乡的农机管理部门和农机合作组织提供作业农机实时信息服务的平台。农机调度系统主要是农机管理人员根据下达的作业任务，通过对收割点位置、面积等信息分析，推荐最适合出行的农机数，并规划农机的出行路线。同时该辅助模块通过对历史作业数据统计分析，实现对各作业的效率油耗成本考核来推荐出行农机操作员。

系统通过对传回的数据进行处理分析，可以获取当前作业农机的实时位置、油耗等数据。实时跟踪、显示当前农机的作业情况，提供有效作业里程、油耗等数据的统计分析，并可提供农机历史行走轨迹的检索和回放，实现对农机作业的远程监控，辅助管理者进行作业调度，提供农机作业服务的效率。农机调度管理系统总体架构如图2-22所示。

2. **农机调度管理系统基本组成**　农机调度监控系统主要包括三个部分：车载终端、监控服务器端、农机监控调度终端。

（1）车载终端。安装在作业农机上的集成的GPS定位模块、GPRS无线通信模块、中心控制模块和多种状态传感器的机载终端设备。通过GPS模块获取农机地理位置（经度、纬度、海拔）数据，同时通过外接的油耗传感器、灯信号传感器、速度传感器等获取农机实时状态数据，然后将这些数据通过GPRS无线通信模块上传到监控服务器端。

（2）监控服务器端。在逻辑上分为车载终端服务器、监控终端服务器、数据库服务器三个部分。车载终端服务器主要负责与车载终端进行通信，接收各个车载终端的数据并将这些数据存储到调度中心的数据库中，同时可以向车载终端发出控制指令和调度信息。监控终端服务器主要与客户端调度中心进行交互，解析和响应客户端的请求，从数据库中获取数据并返回客户端。数据库服务器统一存

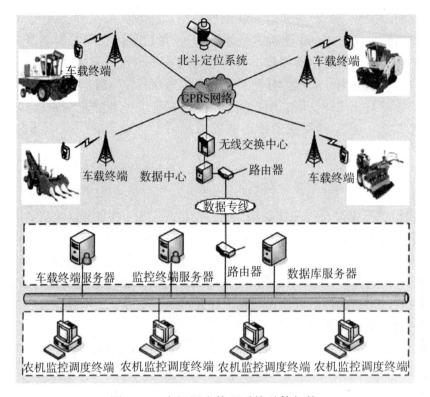

图 2-22　农机调度管理系统总体架构

储和管理农机的位置、状态、工作参数等数据，定期对历史数据进行备份和转存，为车载终端服务器和监控终端服务器提供数据支持。

（3）农机监控调度终端。运用地理信息系统技术，提供对远程作业农机位置、状态等各种信息的实时监控处理，在电子地图上直观显示农机位置等信息，同时实现对各监管农机作业数据查询编辑、统计分析，面向农机作业管理人员发布农机调度信息，实现远程农机作业监管和调度。监控终端也可以通过电话方式联通手机传达调度指令，实现对车辆的实时调度。

三、农业病虫害防治系统

农业病虫害严重威胁农业生产安全、人的身体健康和环境安全。造成病虫害的生物主要包括害虫、细菌性病害、真菌性病害、病毒病、线虫病以及各种杂草等。它不但造成农业减产甚至绝收，造成产品品质下降，失去商品性，更会造成农民收入降低，甚至威胁到生命安全。因此，科学的监测、预测并进行事先的预防和控制，对农业增收意义重大。随着人工智能技术（如专家系统、知识工程、数据挖掘等）的迅速发展，为农业病虫害防治提供了新的更加有效的方法及问题求解思路，并促使病虫害防治技术向着"智能化""知识化"阶段迈进。利用物联网技术及人工智能技术建立相应的农业病虫害防治系统可以有效提高病虫防控组织化程度和科学化水平，是实现病虫综合治理、农药减量控害的重要措施。

（一）农业病虫害防治系统总体架构

农业物联网病虫害防治系统，利用物联网技术、模式识别、数据挖掘和专家系统技术，实现对设施农业病虫害的实时监控和有效控制。平台包括物联网数据采集监测设备、智能化云计算平台、专家服务平台、系统管理员和服务终端五大部分。通过对作物有无患病症状、症状的特征及田间环境状况的仔细观察和分析，初步确定其发病原因，搞好作物病虫害防治的预警。准确地诊断，对症下药，从而收到预期的防治效果。农业物联网病虫害防治系统总体架构如图 2-23所示。

远程拍照式虫情测报灯　　远程拍照式孢子捕捉仪　　无线远程自动气象监测站　　远程视频监控系统

  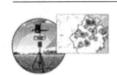 

可监测虫情信息，并对虫情实时计数拍照，图片可上传至管理平台，系统自动预警　　监测病害病原菌孢子及花粉尘粒，拍照上传至云平台　　可采集田间墒情及环境数据，通过图形预警与灾情渲染模块，直观显示各地墒情情况　　360° 全方位红外球形摄像机大视野覆盖，管理区域视频可实时查看

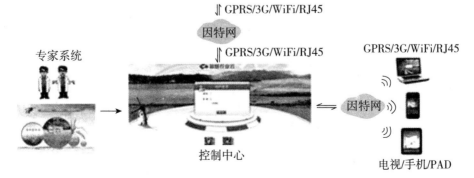

图 2-23　农业物联网病虫害防治系统总体架构

（二）农业病虫害防治系统功能

1. **物联网数据实时采集监测**　通过监测设备（如远程拍照式虫情测报灯、孢子捕捉仪、无线远程自动气象监测站、远程视频监控系统）自动完成虫情信息、病菌孢子、农林气象信息的图像及数据采集，并自动上传至云服务器，用户通过网页、手机即可联合作物管理知识、作物图库、灾害指标等模块，对作物实时远程监测与诊断，提供智能化、自动化管理决策，是农业技术人员管理农业生产的"千里眼"和"听诊器"。

2. **智能化云计算平台**　利用智能化算法处理信息，建立病虫害预警模型库、作物生长模型库、告警信息指导模型库等信息库，实现对病虫害的实时监控，通过与实操相结合的告警信息让农户采取最佳的农事操作，实现对病虫害的有效控制。

3. **专家服务平台**　整合大量的专家资源，以实现专家与农户的咨询、互动，农业专家可以根据历史数据进行分析，给出指导意见，并根据农户提供的现场拍摄图片给出解决方案，随时随地为农户提供专家服务。

4. **系统管理员和服务终端**　为不同级别的用户提供不同的使用权限，使得政府农业主管部门、合作社、农业专家、农户等不同的使用角色登录不同的界面，可方便快捷地查看到用户最关注的问题，在设施面积较大的情况下便于管理、查看。服务终端支持手机，用户通过手机就可以掌握实时信息，实现与专家互动交流。

第三讲 农产品智能物流、追溯体系

一、农产品智能冷链物流管控系统

（一）农产品冷链物流发展现状

我国幅员广阔，农业生产专业化分工的发展使得农产品的产销地相距较远，存在着"七区十三带"的空间结构布局。由于受到地区和季节的限制，大量农产品需经过专业化物流处理后才能抵达消费者手中。近年来，随着我国社会经济发展和人民生活水平的提高，生鲜农产品的产量和流通量逐年增加，消费者对品质优良品种多样的农产品需求越来越高，不但要求产品新鲜、生产无污染，还要配送及时准确，这为冷链物流迎来了最佳发展契机。

冷链物流（cold chain logistics）作为公认的园艺产品品质保障手段，从 20 世纪中叶开始在全世界推广开来，是农产品供应链的重要组成元素。特别是生鲜农产品需要通过低温流通才能最大限度地保持其新鲜度、色泽、风味和营养。农产品冷链物流是指农产品从供应地向接收地的流动过程中，将冷冻冷藏运输、储存、装卸、搬运、包装、流通加工、配送、信息处理等功能有机结合，并保持农产品始终处于维持其品质所必需的适宜温度环境下，最大限度地保证产品品质和质量安全、减少产品损耗，从而满足用户要求，是提高性价比的极具商业价值的专业物流（图 3-1）。通过冷链物流可以将大量生鲜农产品高质量地从生产地运往消费地，满足人民的生活需要，提高人民的生活水平和健康水平。可以预见，农产品大迁徙的过程中一些鲜活农产品通过冷链运输将成为未来农产品运输的常态。

从发达国家农业发展经验来看，冷链物流业的发展与农业现代化进程是一致的，发达的冷链物流已经成为现代农业的重要特征。冷链物流业是基于提高农产品质量和品质而兴起的，其发展对于改善食品质量安全和城乡居民的营养与健康具有重要的现实意义。近年来，随着我国经济技术水平和居民消费水平的提高，冷链物流正在蓬勃发展，引起了产业资本和各级政府的高度关注。不过，我国冷链物流业的发展仍存在一定的制约因素，需要通过制度创新和技术创新加以

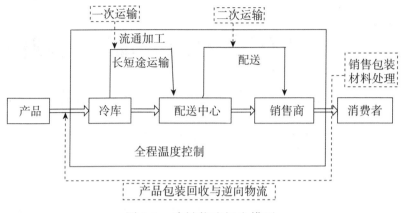

图 3-1　冷链物流概念模型

消除。

　　我国冷链物流最早起步于 20 世纪 50 年代，当时的冷链设备主要是一些改装后的保温车。在其后相当长的时间里我国冷链物流产业发展缓慢，直到 1982 年《食品卫生法》的颁布在一定程度上推动了我国冷链物流产业的发展。随后的 20 年时间里，由于我国冷链物流始终处于供小于求的现状，其发展速度一直缓慢，水平也始终处于初级阶段。近年来，我国经济快速发展，随着生活水平的提高，老百姓越来越关注农产品的品质和新鲜程度，从而对冷链物流产生了强大的需求。同时，政府有关部门也出台了一些政策措施，推动了冷链物流业的发展。在新形势下，随着市场产生的巨大需求，加上国家政策扶持力度的不断加大，社会资本对物流及冷链物流的投入逐年增加，第三方冷链物流迅速崛起，农产品冷链物流服务基础设施快速升级，新工艺新技术不断应用，冷链物流标准逐步完善，我国冷链物流产业进入了快速发展时期。加快发展我国农产品冷链物流将有助于满足生鲜农产品区域规模化产出和反季节销售对跨地区大规模保鲜运输流通的迫切需要；满足居民对农产品多样化、新鲜度、营养性和安全性的更高要求；减少农产品采后物流过程中的腐烂损失，带动农产品跨季节、跨区域的均衡销售，促进农民持续增收；提高出口农产品质量，突破贸易壁垒，增强我国农产品国际竞争力。

（二）农产品仓储保鲜技术

　　1. **冷库技术**　冷库是维持生鲜农产品低温环境的基础设施，是仓储保鲜环节的核心。生鲜农产品城市配送具有小批量、多品种、高成本、高品质的特点，与此相适应，城市宅配中的冷库技术应向多温区冷库、微型冷库、气调库、可移动式小冷库、自动化冷库、节能冷库等方向发展。

近些年，随着各行业对节能和安全要求的提高，诸多研究团队和公司对冷库的保温隔热材料以及制冷剂的选用进行了广泛研究。也有学者和研究团队从冷库优化运行管理角度出发，对现有冷库实行节能增效的管理模式进行研究。在欧盟开发的知识产权项目 Frisbee 中，提出了一种全新的技术方案来降低冷库的能耗成本。如图 3-2 所示，该方法综合考虑了天气预测、货物流通次数、开门次数、能源价格及可利用性、冷库储藏能力、技术限制等因素，运用科学的评估预测方法，获得未来 24 小时内最佳的冷库运行方案，极大地提高了冷库的节能效果。这对于提升生鲜农产品的品质、降低生鲜农产品城市宅配的运行成本，起到了重要作用。

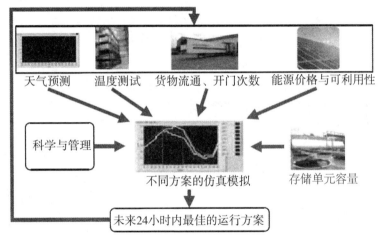

图 3-2　Frisbee 项目中的冷库节能运行方案

2. **气调包装保鲜技术**　气调包装保鲜技术是采用复合保鲜气体置换包装盒内的气体，使得果蔬置于一个不利于自身新陈代谢且抑制细菌生长繁衍的环境，从而提高食品品质的保鲜技术。气调包装保鲜技术能保证新鲜果蔬的原汁原味以及肉类的色泽和鲜嫩，满足了生鲜农产品物流中顾客对高品质食品的要求。气调包装保鲜技术从 20 世纪 70 年代开始在欧美的商业市场上应用于生鲜肉、水产品、蔬菜、水果及其他家庭即食食品的保鲜，而在我国还主要应用于对接大型超市的销售环节。目前，有企业已将气调包装保鲜技术成功应用到酱鸭的常温保鲜中，弥补了传统的高温杀菌造成的肉质下降以及低温杀菌不彻底的缺点。在不改变其原有风味的基础上，实现了常温保鲜 2 天的效果。气调包装保鲜膜及其相关设备的研发将是今后研究的重点，该技术与微冻技术、预冷保鲜技术的有机结合，也会成为推动生鲜农产品城市宅配发展的重要技术。

3. **冰温保鲜技术**　冰温保鲜技术是将农产品置于 0℃ 以下至冻结点以上的未冻结温度区域进行贮藏的方法。该方法的研究始于 20 世纪 70 年代，是继冷藏和气调贮藏之后的第三代保鲜技术。目前，冰温保鲜技术在日本、美国和韩国等一些国家得到了迅速发展，并在此基础上研发了超冰温技术、冰膜贮藏技术。

（三）农产品冷链物流保鲜控制技术

1. **冷藏车技术**　冷藏车为保证生鲜农产品的品质提供了硬件保障（图 3-3）。近年来，我国的冷藏车市场发展迅速，2012 年实现 50% 的增长，市场规模从 2005 年的不足 5 000 辆增加至 30 000 辆左右。目前，农产品物流专用冷藏车正向功能多样化、技术含量高、节能环保、自动监控等方向发展。多温区冷藏车、太阳能冷藏车在生鲜农产品物流中的应用进一步推动了冷藏车技术的发展。

2. **保温箱技术**　保温箱是 20 世纪 80 年代初期在发达国家发展起来的一种高效物流技术装备，其优良的保温性以及灵活的配载形式能够满足生鲜农产品物流过程中"门对门"的物流要求。按照原理可将其分为机械式制冷保温箱和蓄冷式保温箱（图 3-4）。机械式制冷保温箱类似于一个可移动冰箱，其可控性好，但成本较高。蓄冷式保温箱靠内部的蓄冷剂制冷，成本低廉，在生鲜农产品配送过程中有更广泛的应用前景。不过，诸多企业缺乏对保温

图 3-3　冷藏车

箱的技术性研究。对某型号保温箱在配送过程中的温度变化情况进行实地调研可以看出，放置在普通冷藏车中的保温箱箱体内部的温度在初始 3 小时内逐渐下降至 10℃，但随着保温箱外部环境的升高，箱体内部的温度又逐渐上升至 12 摄氏度以上。究其原因，一是蓄冷材料本身的物性和质量不能保证保温箱中始终维持所需的温度条件；二是冰袋的随意布置也无法达到最佳的传热效果。因此，保温箱中冰袋的布置和冷板的配装还需要规范化、标准化，才可以保证食品安全。

3. **智能终端自提柜**　生鲜自提柜是指能够实现对生鲜农产品的识别、暂存、监控和管理，同时还具有多个独立的制冷单元的智能设备（图 3-5）。这是近两年

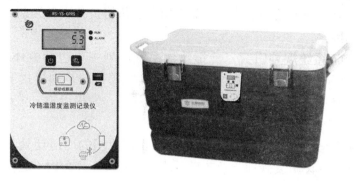

图 3-4　保温箱

兴起的一种生鲜农产品终端配送模式。客户下单后，配送人员将生鲜农产品送到顾客就近的生鲜自提柜，客户通过独立的动态密码即可在任意时间提取订购的生鲜产品。目前，通过快递自提方式来解决电商宅配问题，已经在境外普及开来。我国上海、武汉等地区的高档小区，也开始推行生鲜自提服务。宅配自提柜的推广应用，在减轻农产品电商的配送压力的同时，提升了顾客对生鲜农产品城市宅配的满意度。

图 3-5　智能终端自提柜

（四）农产品智能冷链物流管控技术

1. 冷链库存管理　生鲜农产品因在储存过程中易发生变质，致使其对库存条件及管理要求较高，由此带来了变质成本（损耗成本）的增加。为了降低库存成本，企业需要考虑产品变质率、产品需求量、价格折扣、货架期，以及是否允许短缺等影响因素。

2. 冷链物流系统规划研究　冷链物流系统规划主要包括整体的布局问题、选址-分配、车辆-路径及选址-路径问题等，其主要目的是通过提升冷链的管理水平不断增强客户的满意度，加快服务的响应速度，使得设施、生产、库存及运输等费用最小化，降低冷链的运作成本。

3. 冷链质量安全与风险管理　到目前为止，我国的冷链还处在发展的初级阶段，相关技术、设施及管理比较落后，冷链"断链"现象时有发生，这些因素加剧了生鲜农产品质量管理的风险。由于食品质量安全与食品安全风险管理相辅相成，如何保障冷链的质量安全就显得十分必要。国内外学者对冷链质量安全及风险管理的研究多集中在以下几个方面：温度控制、冷链溯源、冷链质量安全控制体系、供应链质量管理、质量信息管理。此外，在我国涉及的其他问题还较多，如缺乏对冷链系统的相关法律法规制定，冷链产品质量安全检查标准不统一，冷链物流环节"断链"问题，生产或捕捞、加工、库存、运输及销售等环节中存在不规范操作等。

（五）案例：澳柯玛智能冷链物流管控系统

澳柯玛"智慧全冷链管理系统（ICM）"包括智慧全冷链设备监控系统和智慧全冷链云资源管理系统两部分（图3-6）。依托智慧全冷链设备监控系统，用户通过智能APP客户端（手机、电脑、PAD）即可实现设备的实时定位，在途物品温湿度、紧急情况报警、故障诊断等的远程智能监控和控制，破解了冷链产业因各环节脱节造成的冷藏物品损毁的行业难题；依托智慧全冷链云资源管理系统，用户通过手机或电脑客户端即可实现对全冷链各环节物品的入库、销售、存储等进行综合信息管理，实现库存管理、订单管理、智能配货、能耗管理等，实时掌控在途物品数量变化，大大提升工作效率。

冷链"最先一千米"，就是农产品等产地收获后至移交物流运输之前，为了保持产品质量、延长保质期，需要进行的一系列活动，包括预冷、包装及仓储等。其中最核心的就是产地冷库建设。澳柯玛冷库采用标准化、模块化设计，安装简单，将工程产品变为工业产品。冷库整体采用高精度的温度控制技术，满足不同果蔬的预冷需要；一次注入整体发泡工艺，保温性能提升10%；应用节能技术，节能效果达到20%以上。

澳柯玛根据产地预冷保鲜市场需求，推出的小型果蔬预冷冷库格外受欢迎。

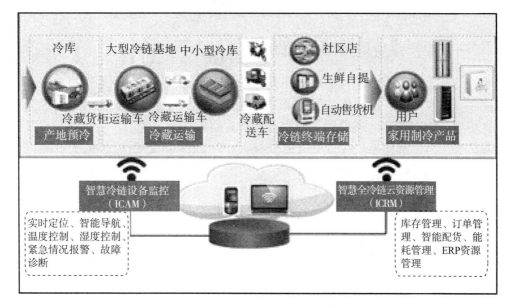

图 3-6 澳柯玛智慧冷链示意

这款冷库采用标准化、模块化设计，可拼接，安装简单，移动方便，运行可靠，突破地域限制，提高使用效率，大大降低了运营成本。此外，独创的自循环恒湿保鲜系统和空气调节系统，保鲜效果更好。

冷藏车互联网智能控制方面，通过接入澳柯玛智慧全冷链管理系统，用户通过手机客户端即可对冷藏车进行 GPS 实时定位、在途物品温湿度控制、在途紧急情况报警等，轻松实现对冷链运输存储环境的全面监测，及库存管理、订单管理、智能配货、能耗管理等，实时掌控在途物品数量变化。

对于生鲜快递最终的入户配送来说，由于用户接收时间、交通拥堵、冷藏配送设备等的问题，确保最终完成收货就是一个不小难题。而一旦长时间未能按照规定时间配送及收货，则会大大降低生鲜食品的品质。以澳柯玛冷藏冷冻转换的生鲜自提柜（BC/BD-255）为例，可根据食材储存需求，进行相应的冷藏模式调节，此外，它集成速递柜控制系统，可与普通快递自提柜实现技术共享、市场共享。消费者在第三方平台网站订购下单后，手机收到一个与"自提柜"配对的独立动态密码，凭码即可在约定的时间取到自己的物品。经营者则可通过配套管理软件方便地管理由此产生的订单及订单的高效分拣及配送，可以合理调配配置在各小区的柜子空间及小区现场的配套订购、取货等服务。

二、基于物联网技术的农产品质量追溯系统

（一）农产品质量追溯系统概述

农产品质量追溯体系是在以欧洲疯牛病危机为代表的食源性恶性事件在全球范围频繁萌发的背景下，由法国等部分欧盟国家提出的，一种旨在加强食品安全信息传递、控制食源性疾病和保障消费者利益的信息记录体系。根据国际食品标准委员会对可追溯体系的定义，"追溯能力/产品追循"是指能够追溯产品在生产、加工和流通过程中任何指定阶段的能力。

目前欧盟、美国、日本、澳大利亚等研究实施的较为深入。欧盟的食品供应链被认为是世界上最为安全的食品供应链之一，在欧盟农产品追溯相关法律体系中，以欧盟1798/2002条例最具影响力，该条例要求所有在欧盟销售的食品都应具有全程可追溯性。美国农产品追溯的主要形式是产品召回制度和强制性生产记录，美国政府于2004年启动了国家动物标识系统（NAIS），保证在发现外来疫病的情况下，能够于48小时内确定所有与其有直接接触的企业。日本政府要求肉牛业实施强制性的零售点到农场的追溯系统，系统允许消费者通过互联网输入包装盒上的牛身份号码，获取所购买的牛肉的原始生产信息。澳大利亚70%的牛肉产品销往海外，通过实行国家牲畜标识计划（NLIS），澳大利亚畜产品得以顺利出口，NLIS是一个永久性的身份系统，能够全程追溯家畜的出生到屠宰。

近年来，我国对农产品质量安全追溯理论与实践进行了积极探索。在中央层面，农业部作为主管部门，主要已从农垦、种植业、畜牧和渔业四个方面探索农产品追溯管理，并选择基础较好的企业开展试点示范。此外，国家质量监督检验检疫总局建立出境产品追溯体系，目前主要对鱼类、肉类等出口产品追溯管理；商务部2010年在南京等10个城市首批试点肉类、蔬菜流通追溯体系建设。在地方层面，北京、江苏、海南、山东等很多省市已在农产品追溯制度建设、管理模式和技术手段等方面取得了许多经验。

建立农产品质量安全追溯系统，其目的就是要实现生产、加工、储运和销售等整个食品链上的信息共享、有效传递，客观地记录生产关键过程，清晰地界定责任，较好地解决农产品质量安全信息不对称的问题，保证农产品质量安全。农产品质量安全追溯体系如图3-7所示。目前江苏省省内已经开发了许多农产品追溯平台，但都未能实现全产业链覆盖，全行业覆盖。这不但不利于消费者查询，也不利于政府部门的实时监管，造成资源的严重浪费，呈现碎片化状态，形成了一个个信息孤岛。

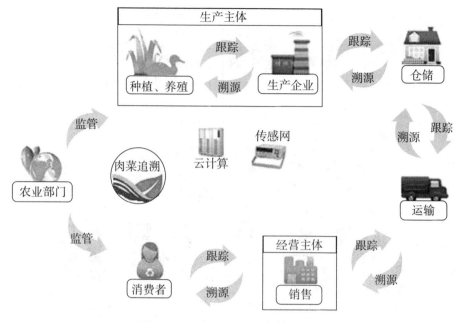

图 3-7　农产品质量追溯体系示意

（二）农产品质量追溯系统的关键技术

追溯系统主要包含个体标识、中心数据库和信息传递系统及个体流动登记三个基本要素。近年来自动识别技术、传感器技术、移动通信技术、智能决策技术等的不断发展，为追溯系统构建提供了有效的技术支撑。基于物联网的农产品质量安全追溯系统构架如图 3-8 所示。

1. **农产品的标识**　产品标识为追溯码提供了良好的载体，不同标识技术具有不同特点。与一维条码相比，二维条码具有存储信息密度高、容量大、纠错能力强、抗污损和畸变能力强、支持加密技术、编码范围广、条形码符号形状可变等特点。由于条码技术只能采用人工的方法进行近距离的读取，无法实时快速地获取大批量的信息，因此一种非接触式自动识别技术——RFID 技术在 20 世纪 90 年代兴起。RFID 基本原理是利用射频信号和空间耦合（电磁耦合或电磁传播）传输特性，实现对物体的自动识别。

2. **物流仓储环节信息快速采集**　农产品及食品具有鲜活性特点，冷链是保证食品质量安全、减少损耗、防止污染的重要措施，温度是冷链运输和仓储的关键。基于无线传感器技术的监测系统为冷链运输中环境信息的采集提供了很好的

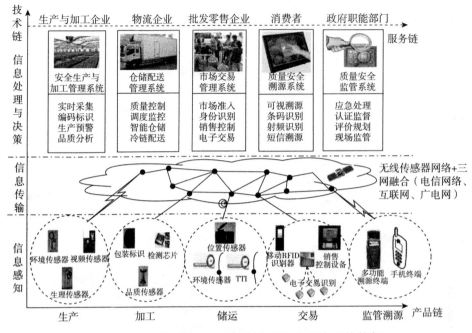

图 3-8　基于物联网的农产品质量安全追溯系统构架

途径。例如，根据乙烯气体的释放是大部分果品成熟的重要标志这一特点，设计了集温湿度传感器、乙烯传感器于一体的无线传感节点，开发了果蔬冷链配送环境信息采集系统，并进行了不同温度和湿度下的数据传输包收发率的测试，达到了较好的数据采集效果。

3. **物流货架期预测**　农产品宰后/采后品质变化较大，构建货架期预测模型及系统对于品质维持和质量控制具有重要作用。时间-温度指示器（TTI）通过产品的外包装随温度升高而发生连续的不可逆的颜色变化，可以直观快捷地呈现肉类食品所经过的"时间-温度-货架期"履历，从而能够有效地指示肉类食品的剩余货架期。TTI 已经广泛应用于如海产品、奶制品、畜肉、禽肉、鲜蘑菇、冷冻蔬菜等要求冷链流通且货架期短的食品外包装。

4. **溯源数据交换与查询技术**　为了实现全供应链的追溯，在系统建设中需要建立溯源中心数据库，其数据来源于生产、加工、流通、销售等各环节，各环节采集的信息需能与中心数据库进行数据交换。

（三）案例：江苏省农产品质量追溯系统

如图 3-9 所示，系统总体架构逻辑分为安全保密体系、运行维护体系及平台技术架构三大部分。其中安全保密体系及运行维护体系为整个系统总体架构体系提供安全可靠、长期有效的运行保障，是基础；平台技术架构为整个系统总体架构体系的核心。具体说明如下：

　　数据服务平台即中心平台数据库，实现系统各类数据的存储及持久；信息基础平台由一系列功能组件构建而成，主要包括用户管理组件、数据管理组件、数据分析组件、信息管理组件、商业协作组件等；数据交换接口及接口实现为组件或 Web 服务形式，以 XML 文件为载体（MD5 加密、GZIP 压缩）与生产基地追溯系统、批发市场追溯系统、质量检测系统、农资经销追溯系统进行实时或定时数据交换；公共服务平台网站、数据管理中心、政府监管中心均基于数据服务平台及信息基础平台基础上架构而成；生产基地追溯系统及终端系统、批发市场追溯系统及终端系统、质量检测系统及终端系统、农资经销追溯系统及终端系统为整个平台提供各追溯节点的数据采集与管理。

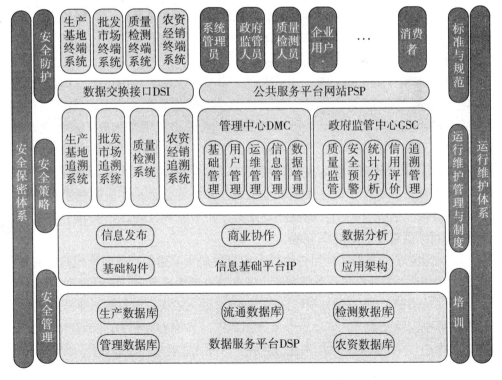

图 3-9　结构示意

第四讲 智慧农业经营管理
CHAPTER4

一、智慧农业电子商务概述

(一) 现代农业与农业电子商务

相对于传统农业而言，现代农业是指广泛应用现代科学技术、现代工业提供的生产资料和科学管理方法进行的社会化农业。现代农业是一个动态的和历史的概念，它不是一个抽象的东西，而是一个具体的事物，它是农业发展史上的一个重要阶段。现代农业的本质内涵可概括为：用现代工业装备的、用现代科学技术武装的、用现代组织管理方法来经营的社会化、商品化农业，是国民经济中具有较强竞争力的现代产业。

随着农产品产业化的发展，优质农产品需要寻求更广阔的市场。传统的农产品销售方式难以在消费者心中建立起安全信誉，很多特色农产品局限在生产地，无法进入大市场参与大流通，农业结构调整、农民增收困难重重。基于此现状，农产品电子商务在市场的需求和政府政策的引导下应运而生。农业电子商务是以信息技术和全球化网络系统为支撑，对农产品从生产地到顾客手上进行全方位的管理的全过程。农业电子商务是从农业传统生产和经营活动中发展起来新的社会经济运作模式，它充分利用互联网的易用性、广域性和互通性，实现了快速可靠的网络化商务信息交流和业务交易。

推进农业电子商务发展是促进现代农业发展的重要途径。发展现代农业的基础和前提是市场化，农业电子商务是农业市场化的重要组成部分，推进农业电子商务，将产业链、价值链、供应链等现代经营管理理念融入农业，可以促进现代信息技术与传统农业全面深度融合，推动农业生产由以产品为中心转变为以市场为导向、以消费者为中心，促进农业生产标准化、品牌化，优化农业生产布局和品种结构。

(二) 农业电子商务的核心技术

1. 信息平台技术

(1) 电子商务环境下的信息交流。任何交易，从过程上划分都可分为三个阶段：交易前、交易中、交易后。在电子商务环境下，交易前阶段，卖方主要经历产品定位分析、品牌信用维护、营销推广、电商网站建设与维护等环节。买方则可通过搜索引擎、社区门户或卖方电商站点等入口，查询所需商品信息，同时增进对卖方企业的了解。

交易中阶段，买方在选定商品并得到认证中心对于卖方信用的确认后，即向卖方发出求购信息。卖方在收到买方信息后，也要通过认证中心确认对方身份，然后双方就交易的具体细节进行磋商。

交易后阶段，随着客户关系管理与服务管理理念盛行，企业大都非常重视交易后阶段与客户的沟通，特别重视客户的信息回馈，而电子商务信息平台则是这些现代化管理理念实施的"助推器"。

（2）常用信息交流工具。

①电话。电话是最传统也是商业引用时间最长、最普遍的，同时也是必不可少的沟通方式，简单、方便、节省时间，可以快速地进行沟通。但是只能够传递声音，容易受到外界环境的干扰。

②电子邮件。优点是速度快、范围广、成本低、形式多样，可以发图片、文字、数据、资料等，但及时性差，沟通效益较低，受垃圾邮件的干扰严重。

③留言。首先买家看到一个产品，然后有意向，会发出一个留言反馈，卖家登录商务系统，查看到这个留言回复信息，通过双方的沟通，促成一个买卖的商机。留言的优点是方便、快捷、成本低，缺点是时效性差。

④网站商务通。网站商务通是一套网站实时交流系统软件，网站来访客人只需点击网页中的对话图标（图4-1），不用安装任何软件和浏览器插件，也不用申请账号，就能直接和网站客服人员进行实时交流。

⑤即时通信（IM）。即时通信是指能够即时发送和接收互联网消息的业务。自面世以来，即时通信的功能日益丰富，逐渐集成了电子邮件、博客、音乐、电视、游戏和搜索等多种功能，已成为电子商务的重要信息交流平台。下面简要介绍几款具有市场代表性的IM产品（图4-2）。

图4-1　对话图标

图4-2　常用即时通信工具

腾讯 QQ：腾讯 QQ 是 1999 年 2 月由腾讯公司自主开发的基于互联网的即时通信网络工具，支持在线聊天、视频通话、文件共享、网络硬盘、邮箱等多种功能，并可与多种通信终端相连。其合理的设计、良好的应用、强大的功能，赢得了用户的青睐。

微信：微信是腾讯公司于 2011 年 1 月 21 日推出的一个为智能终端提供即时通信服务的应用程序，支持跨通信运营商、跨操作系统平台通过网络快速发送免费语音短信、视频、图片和文字，同时也可以使用通过共享流媒体内容的资料和基于位置的社交插件"摇一摇""漂流瓶""朋友圈"等。

微博：即微型博客的简称，是一种通过关注机制分享简短实时信息的广播式社交网络平台。用户可以通过 Web、WAP 等各种客户端组建个人社区，以 140 字的文字更新信息，实现即时分享。微博作为一种分享和交流平台，其更注重时效性和随意性。

阿里旺旺：阿里旺旺是将原先的淘宝旺旺与阿里巴巴贸易通整合在一起的一个新品牌。它是淘宝和阿里巴巴为商人量身定做的免费网上商务沟通软件和聊天工具，可以帮助用户轻松找客户，发布、管理商业信息，随时洽谈做生意，简洁方便。

2. 支付结算技术

（1）电子商务支付结算形式。

①电子支付。根据中国人民银行公布《电子支付指引（第一号）》规定："电子支付是指单位、个人直接或授权他人通过电子终端发出支付指令，实现货币支付与资金转移的行为。电子支付的类型按照电子支付指令发起方式分为网上支付、电话支付、移动支付、销售点终端交易、自动柜员机交易和其他电子支付。"简单来说，电子支付是指电子交易的当事人，包括消费者、厂商和金融机构，使用安全电子支付手段，通过网络进行的货币支付或资金流转。图 4-3 所示为电子支付系统的构成。

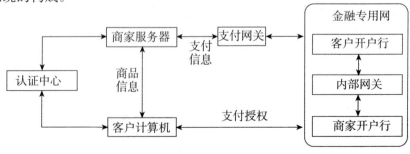

图 4-3　电子支付系统的构成

②移动支付。移动支付是电子支付的形式之一，是目前颇具发展潜力的支付方式。移动支付即允许用户使用其移动终端对所消费的商品或服务进行账务支付的一种服务方式，所使用的移动终端可以是手机、PDA、移动 PC 等。单位或个人通过移动设备、互联网或者近距离传感直接或间接向银行金融机构发送支付指令产生货币支付与资金转移行为，从而实现移动支付功能。移动支付需经过网上买方购买请求→收费请求→认证请求→认证→授权请求→授权→收费完成→支付完成→支付商品等流程（图 4-4）。

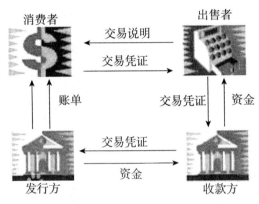

图 4-4　移动支付流程

③第三方支付。第三方支付是指具备一定实力和信誉保障的独立机构，采用与各大银行签约的方式，提供与银行支付结算系统接口的交易支持平台的网络支付模式。第三方支付流程如图 4-5 所示，买方选购商品后，使用第三方平台提供的账户进行货款支付（支付给第三方），并由第三方通知卖家货款到账、要求发

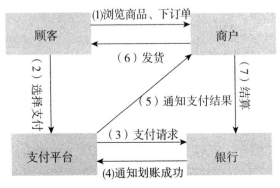

图 4-5　第三方支付流程

货；买方收到货物，检验货物，并且进行确认后，再通知第三方付款；第三方再将款项转至卖家账户。第三方支付平台能够较好地解决网上交易中的信用问题，有利于推动电子商务的快速发展。

（2）电子支付结算工具。

①支付宝。支付宝是国内领先的第三方支付平台，致力于提供简单、安全、快速的支付解决方案。除提供便捷的支付、转账、收款等基础功能外，支付宝已发展成为融合了生活服务、政务服务、社交、理财、保险、公益等多个场景与行业的开放性平台。

②微信支付。微信支付是集成在微信客户端的支付功能，用户可以通过手机完成快速的支付流程。微信支付以绑定银行卡的快捷支付为基础，向用户提供安全、快捷、高效的支付服务。用户可购买微信合作商户的商品及服务，在微信中完成选购支付的流程，在支付时只需在自己的智能手机上输入密码，无须任何刷卡步骤即可完成支付，整个过程简便流畅。商户也可以把商品网页生成二维码，用户扫描后可打开商品详情，在微信中直接购买（图 4-6）。

③拉卡拉支付。拉卡拉是国内领先的综合金融服务平台，通过"线上＋线下""硬件＋软件"的形式提供个人支付、商户收单、征信等业务。拉卡拉支付集团是首批获得央行颁发的第三方支付牌照的企业之一，在国

图 4-6　微信支付

内第三方移动支付领域和线下银行卡收单行业长期保持交易规模前三，主要产品分为商用型和自用型。

3. 物流配送技术

（1）农产品物流的特殊性。

①农产品物流的特性及要求。农产品物流是以农业产出物为对象，通过农产品产后加工、包装、储存、运输和配送等物流环节，做到农产品保值增值，最终送到消费者手中。农产品物流具有数量大、品种多、物流要求高等特点。由于农产品与工业品不同，它是有生命的动物性与植物性产品，所以农产品的物流特别要求"绿色物流"，在物流过程中做到不污染、不变质。另一方面，由于农产品

价格较低，农产品流通涉及保证与提高农民的收入，因此要求物流尽量做到低成本。农产品保鲜期短，便利快捷的运输、合理的流通网点分布对于降低农产品损耗、提高农产品流通交易效率至关重要。

②农产品冷链物流。冷链物流泛指冷藏冷冻类食品在生产、贮藏、运输、销售，到消费前的各个环节中始终处于规定的低温环境下，以保证食品质量，减少食品损耗的一项系统工程。它是随着科学技术的进步、制冷技术的发展而建立起来的，是以冷冻工艺学为基础、以制冷技术为手段，包含低温加工、低温贮藏、低温运输及配送、低温销售等环节的低温物流过程（图4-7）。它比一般常温物流系统的要求更高、更复杂，建设投资也要大很多，是一个庞大的系统工程。

冷链物流的适用范围包括以下几类产品：初级农产品，如蔬菜、水果、肉、禽、蛋、水产品、花卉产品；加工食品，如速冻食品、禽、肉、水产等包装熟食、冰激凌和奶制品、巧克力、快餐原料；特殊商品，如药品。

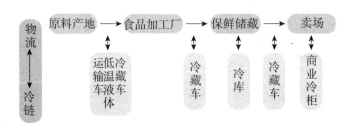

图 4-7　冷链物流过程

（2）农产品物流配送技术。

①现代物流与电子商务。现代物流，是指产品从生产地到消费地之间的整个供应链，运用先进的组织方式和管理技术，进行高效率计划、管理、配送的新型服务业。它通过对运输、仓储、装卸、加工、整理、配送与信息等方面有机结合，形成完整的供应链，为用户提供多功能、一体化的综合性服务。电子商务是指通过采用最新网络技术手段来解决商业交易问题，降低产、供、销成本，开拓新的市场，创造新的商机，从而增加企业利润的所有商业活动。

现代物流与电子商务两者是密不可分的。电子商务的发展既对现代物流提出新的要求和挑战，同时也为物流业带来新的机遇，也带来更广阔的增值空间。借助电子商务的发展，信息技术广泛应用于物流系统，从而提升了传统物流产业的服务水平和竞争力。现代物流与电子商务的协同发展对于他们自身的发展都非常有利。

②现代农产品物流系统。物流系统是指在一定的时间和空间里，由所需输

送的物料和包括有关设备、输送工具、仓储设备、人员以及通信联系等若干相互制约的动态要素构成的具有特定功能的有机整体。物流系统是由商品的包装、储存、运输、检验、流通加工和其前后的整理、再包装以及配送等子系统组成。

4. 安全技术

（1）网络安全事例。随着互联网的发展，许多网络安全问题也随之出现，如系统瘫痪、黑客入侵、病毒感染、网页改写、客户资料流失、公司内部资料泄露等。

①支付宝大面积瘫痪无法进行操作。

2015年5月，拥有近3亿活跃用户的支付宝出现了大面积瘫痪，全国多省市支付宝用户出现电脑端和移动端均无法进行转账付款、出现余额错误等问题，更有"资深"支付宝用户爆料称，在登录支付宝官网后无意间发现自己的实名认证信息下多出了5个未知账户，而这些账号都没有经过他本人的认证。

②财付通用户账号遭冻结，余额不翼而飞。2015年8月10日，腾讯一用户财付通账号无故被冻结，财付通客服解释为账户异常，但并未给出具体解释。从11日开始，该用户反复提交材料并与客服要求解冻未果。直至26日，账户终于解冻，但发现账户余额内2 000余元不翼而飞。随后，该用户申请冻结账户，账户在27日下午被冻结后又在28日自动解冻。

（2）电子商务面临的安全问题。

①信息篡改。电子的交易信息在网络上传输过程中，可能被他人非法修改、删除、插入或重放，从而使信息失去了真实性和完整性。

②信息破坏。信息破坏既包括网络硬件和软件的问题而导致信息传递的丢失与谬误，也包括一些恶意程序的破坏而导致电子商务信息遭到破坏。由于攻击者

图 4-8　信息破坏

可以接入网络，就可能对网络中的信息进行修改，掌握网上的机要信息，甚至可以潜入两方的网络内部，其后果是非常严重的。

③身份识别。如果不进行身份识别，第三方就有可能假冒交易一方的身份，以破坏交易、破坏被假冒一方的信誉或盗取被假冒一方的交易成果等，进行身份识别后，交易双方就可以防止相互猜疑的情况。

④信息泄密。攻击者可能通过互联网、公共电话网、搭线或在电磁波辐射范围安装截获装置等方式，截获传输的机密信息，或者是通过对信息流量和流向、通信频度和长度等参数的分析，获取有用信息，如消费者的银行卡号、密码，销售者的客户资料等。

（3）农业电子商务的主要安全技术。

①加密技术。加密技术是电子商务采取的主要安全保密措施，是最常用的安全保密手段，利用技术手段把重要的数据变为乱码（加密）传送，到达目的地后再用相同或不同的手段还原（解密）。加密技术包括两个元素：算法和密钥。算法是将普通的文本（或者可以理解的信息）与一串数字（密钥）的结合，产生不可理解的密文的步骤，密钥是用来对数据进行编码和解码的一种算法。在安全保密中，可通过适当的密钥加密技术和管理机制来保证网络的信息通信安全。

②网络安全认证。认证是由可以充分信任的第三方证实某一经鉴定的产品或服务符合特定标准或规范性文件的活动。网络安全认证技术是为了满足电子商务系统的安全性要求采取的一种常用的安全技术，它的主要作用是进行安全认证。常见的安全认证有管家认证等，如腾讯管家，获得认证即可在腾讯 QQ、腾讯电脑管家及电脑管家安全开放平台产品上展示可信标识，告知用户可放心进行购物、登录、访问等操作。

③杀毒软件。杀毒软件，也称反病毒软件或防毒软件，是用于消除电脑病毒、特洛伊木马和恶意软件等计算机威胁的一类软件。杀毒软件通常集成监控识别、病毒扫描和清除及自动升级等功能，有的杀毒软件还带有数据恢复等功能，是计算机防御系统（包含杀毒软件、防火墙、特洛伊木马和其他恶意软件的查杀程序、入侵预防系统等）的重要组成部分。

④网络安全协议。网络安全协议是营造网络安全环境的基础，是构建安全网络的关键技术。设计并保证网络安全协议的安全性和正确性能够从基础上保证网络安全，避免因网络安全等级不够而导致网络数据信息丢失或文件损坏等信息泄露问题。

二、农业电子商务的具体应用

(一) 种植业电子商务应用

1. 种植业及业务流程 从狭义上讲，种植业就是农业，在我国通常指粮、棉、油、糖、麻、丝、烟、茶、果、药、杂等作物的生产。种植业是大农业的重要基础，不仅是人类赖以生存的食物与生活资料的主要来源，还为轻纺工业、食品工业提供原料，为畜牧业和渔业提供饲料。种植业的分布和发展对国民经济各部门有直接影响，它的稳定发展对畜牧业、工业的发展和人民生活水平的提高，对国民经济的发展和人民生活的改善均有重要意义。

农产品供应链由直接或间接履行消费者需求的各方所组成，包括农产品在生产、流通过程中所涉及生产商、制造商、供应商、运输商、仓储商、中间商和消费者所组成的网络体系（图4-9）。通过农业合作社以及农产品生产基地等形式将供应链上游的农户有机组织起来，与中游的农产品加工企业建立战略合作关系，通过第三方物流企业，把下游的商场、超市或农贸市场作为主要零售点，通过对物流、资金流和信息流的控制，将供应商、加工商、运输商、零售商整合成一个整体，为消费者提供优质、安全、环保的高附加值农产品。

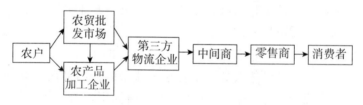

图 4-9　农产品供应链

2. 种植业电子商务平台推介

（1）中国大米网。中国大米网（www.dami.cn）是大米行业的知名网站（图4-10），隶属于哈尔滨中米科技投资集团有限公司。该网站已建设成为集供求信息、科技信息、营销策划、业内动态、企业推广、米业包装为一体的行业门户网站，为广大用户、大米加工企业及经销商提供网络服务，实现了米业传统供求链与互联网的第一次融合。

（2）中国大蒜网。中国大蒜网（www.dasuan.cn）是全国访问量最大、最具影响力的蒜类门户网站（图4-11），由济南绿大地农业技术咨询有限公司创建于2004年，其宗旨是打造一个全方位的电子商务交易平台，服务广大蒜商，连接国内外蒜企，提供前沿信息，实现合作盈利。

图 4-10　中国大米网首页

图 4-11　中国大蒜网首页

3. 种植业电子商务案例

案例一：江苏一号农场科技股份有限公司成立于 2011 年，位于常州市金坛区茅山风景名胜区，立足茅山传统养生文化，坚持"一站式有机生活服务"的理念，主要从事有机农业、休闲农业、互联网农业产业生产，产品以有机蔬菜、有机大米、有机水果、有机餐饮为主，并通过"一号农场"有机农产品 B2C 电子商务平台，提供有机农产品"从田间到餐桌"的直供服务（图 4-12）。

案例二：苏州食行生鲜电子商务有限公司自行研发、建设、运营"食行生鲜"电子商务平台，积极打造"社区智能微菜场"，实现居民网上订菜和社区智能直投站全程冷链配送，创建生鲜农产品O2O新型流通模式，打通生鲜业的完整产业链条。在苏州、上海、北京和无锡1 000多个中高档社区建立了社区智能微菜场，为超过82万户家庭提供生鲜配送服务。食行生鲜通过预定制消费模式，一手牵农民，一手牵市民，减少中间环节，以销定采，为市民打造"家门口的菜市场"。

图 4-12　一号农场首页

（二）养殖业电子商务应用

1. 养殖业及业务流程　养殖业是利用畜禽等已经被人类驯化的动物或野生动物的生理机能，通过人工饲养、繁殖，使其将牧草和饲料等植物能转变为动物能，以取得肉、蛋、奶、羊毛、山羊绒、皮张、蚕丝和药材等畜产品的生产部门，是人类与自然界进行物质交换的极重要环节。养殖业与种植业并列为农业生产的两大支柱。

养殖业在经济发展的早期阶段，常常表现为农作物生产的副业，即所谓"后院养殖业"。随着经济的发展，逐渐在某些部门发展成为相对独立的产业，例如蛋鸡业、肉鸡业、奶牛业、肉牛业、养猪业等。我国的养殖业在经历了40年的发展特别是中国共产党十一届三中全会后，到1990年，养殖业产值占农业总产值的百分比按当年价格计算已达到26.6%。养殖业的起点是饲料供应，依次经过养殖、屠宰、加工、贮运、销售等环节，最终以消费为终点。

2. 养殖业电子商务平台推介　中国养猪网（www.zhuwang.cc）建于2009

年，是国内养猪行业最具权威性的垂直型门户网站（图4-13），旨在为我国养猪企业及养猪户提供一站式养猪应用型服务平台。中国养猪网通过市场分析，结合互联网、移动应用、物联网等信息技术，更好地契合各企业与生猪养殖户的沟通和合作，转变传统养猪行业的生产、交易和宣传模式，打造行业互联网应用平台，推动养猪行业更快更好地发展。

图4-13　中国养猪网首页

3. 养殖业电子商务案例　洪泽爱食派水产有限公司成立于2009年12月，位于美丽清纯的洪泽湖畔、洪泽县渔业大镇——西顺河镇。企业自有养殖基地133.33公顷，其中蟹苗培育基地40公顷，螃蟹出口备案基地597.33公顷。企业摸索出了以洪泽湖螃蟹等为主要生鲜产品的电子商务销售模式，建立了爱食派商城（图4-14）、爱食派信息发布、产品发布、电子结算、售后服务等电子商务系统以及相关的管理系统，实现了与京东商城、天猫、1号店、飞牛网等10多

图4-14　爱食派官网首页

家知名电商的合作联营，并在其网上开设爱食派食品专营店或旗舰店，全力打造市场自有品牌"爱食派"洪泽湖螃蟹、龙虾、银鱼等特色水产品在网上销售。2015 年，通过爱食派电子商务销售的水产品达 2 140 万元。

（三）农产品加工业电子商务应用

1. 农产品加工业及业务流程 农产品加工业是以人工种养或野生动植物资源为原料进行工业生产活动的总和。广义的农产品加工业是指以农、林、牧、渔产品及其加工品为原料所进行的工业生产活动。狭义的农产品加工业是指以人工生产的农业物料和野生动植物资源及其加工品为原料所进行的工业生产活动。国际上通常将农产品加工业划分为五类：食品、饮料和烟草加工；农产品加工业纺织、服装和皮革工业；木材和木材产品包括家具制造；纸张和纸产品加工、印刷和出版；橡胶产品加工。

农产品初加工是指对农产品一次性的不涉及农产品内在成分改变的加工，即对收获的各种农新产品（包括纺织纤维原料）进行去籽、净化、分类、晒干、剥皮、沤软或大批包装以提供初级市场的服务活动，以及其他农新产品的初加工活动。包括轧棉花、羊毛去杂质、其他类似的纤维初加工等活动；其他与农新产品收获有关的初加工服务活动，包括对农新产品的净化、修整、晒干、剥皮、冷却或批量包装等加工处理等。

农产品深加工是指对农业产品进行深度加工制作以体现其效益最大化的生产环节，与粗加工概念相对应。如将稻谷、玉米加工为大米、玉米粉的生产，称为粗加工；在完成粗加工的基础上对半成品进行进一步的完善，使其更具价值，以追求更高附加值的生产，称为深加工。如将大米、玉米粉加工为爆米花、玉米糊的工程，称为深加工。

2. 农产品加工业电子商务平台推介 农博网（www.aweb.com.cn）成立于1999 年，是全国最大的农业门户网站（图 4-15）。自创立以来，农博网一直坚持以"服务农业、E 化农业"为己任，致力于农业行业的信息化建设，促进农业行业的产业升级，助推农业信息化发展。农博网下设要闻、行业、会展、专题、视频等精品频道，为用户提供迅速、便捷、有效的传播平台。

3. 农产品加工业电子商务案例 黄山市松萝有机茶叶开发有限公司始创于1994 年，是安徽首家集茶叶种植、生产、加工、销售、贸易、研发为一体的茶产业集团公司，被农业部授予"农业产业化国家重点龙头企业"和"全国农产品加工业示范企业"。公司产品主要有屯绿出口眉茶、松萝名优茶、松萝茶具三大系列，产品畅销国内 20 多个省市及亚、欧、美、非洲等国家和地区。经过 20 多

图 4-15　农博网首页

年的发展，公司建立了产品溯源体系，产品涉及多个茶类，已形成了多元化经营、全产业链式运作的局面，通过设立自营网站（图 4-16）、微商城和在第三方电子商务平台建立网络店铺等形式，年茶叶营业额超过 2 亿元，有望成为全国最大的绿茶生产、加工、出口基地。

图 4-16　松萝有机茶叶开发有限公司首页

（四）农业移动电子商务应用

1. 农业移动电子商务　移动电子商务是利用手机、掌上电脑、笔记本电脑等移动通信设备通过无线上网技术进行的电子商务。它使人们可以在任何时间、任何地点进行各种商贸活动，实现随时随地、线上线下的购物与交易、在线电子支付以及各种交易活动、商务活动、金融活动和相关的综合服务活动等。农业移动电子商务就是移动电子商务在农业领域的应用，它是移动电子商务的重要组成部分。

移动电子商务作为一种新型的电子商务方式，是移动信息服务和电子商务融合的产物，利用了移动无线网络的优点，是对传统电子商务的有益补充。尽管移动电子商务的开展还存在安全与带宽等很多问题，但是相比于传统的电子商务方式，移动电子商务具有随时随地使用、用户规模大、有较好的身份认证基础等诸多优势，得到了世界各国普遍重视，发展和普及速度很快。

2. 农业移动电子商务案例 2013 年 12 月 1 日，上海国际马拉松现场一只"愤怒的小鸟"吸引了众多眼球（图 4-17），这只"小鸟"的真身是在微信上卖大米卖火了的富军。富军在 2013 年和朋友开玩笑说要卖米，之后开始向微信好友赠送大米，为他的大米营销创造基础口碑。任何微信营销，都需要两个基础条件，一个是足够多的好友数量，另一个则是与微信好友之间拥有较为紧密的关系。富军通过各种活动，增加自己的微信好友，为了与这些好友保持紧密关系，富军平均每周在朋友圈更新 6 条消息，并策划过一次效果不错的线下活动。尽管没策划过品牌营销，但富军很了解互联网的属性，一次事件营销会带来爆炸式的效应，于是背着米袋子、贴满二维码的"愤怒小鸟"在上海马拉松闪亮登场了。富军大米的微信营销是成功的，到 2013 年 11 月底，他实现了全年订户 200 个，销售各式大米 50 000 千克，销售额达到 200 万元。

图 4-17 "愤怒的小鸟"富军

3. 微营销 微营销是以营销战略转型为基础，通过企业营销策划、品牌策划、运营策划、销售方法与策略，注重每一个细节的实现，通过传统方式与互联网思维实现营销新突破。微营销不是微信营销，微信营销是微营销的一个组成部分。微博、微信、微信公众平台、微网站、APP 同时组合在一起也不是微营销，它们都是实现微营销的一个工具和方法的一部分。现今流行的微营销方式有以下几种：

（1）创意营销。要想达到低成本、高性价比的微营销，创意和新传播手段必不可少，创意成为营销不可或缺的驱动力。众多商家充分运用创意营销，颠覆传统营销思路，让消费者在互动中感受企业理念，在主动中感知产品信息。一个好的故事，可以让企业只花几万，却达到几十万、几百万甚至几千万的广告效果。

（2）微信营销。微信营销是网络经济时代企业或个人营销模式的一种，是伴随着微信的火热而兴起的一种网络营销方式。微信不存在距离的限制，用户注册微信后，可与周围同样注册的朋友形成一种联系，订阅自己所需的信息。商家通过微信公众平台，提供用户需要的信息，推广自己的产品，实现点对点营销。目前已经形成了一种主流的线上线下微信互动营销方式。

（3）口碑营销。又称病毒式营销，其核心内容就是能"感染"目标受众的病毒体——事件，"病毒体"威力的强弱则直接影响营销传播的效果。在今天这个信息爆炸的时代，消费者对广告甚至新闻都具有极强的免疫能力，只有制造新颖的口碑传播内容才能吸引大众的关注与议论。

（4）事件营销。事件营销是企业通过策划、组织和利用具有名人效应、新闻价值以及社会影响的人物或事件，引起媒体、社会团体和消费者的兴趣与关注，以求提高企业或产品的知名度、美誉度，树立良好品牌形象，并最终促成产品或服务的销售目的的手段和方式。

第五讲 智慧新农村信息平台

CHAPTER5

一、智慧新农村概述

(一) 智慧新农村概念

智慧新农村的本质在于信息化与农村现代化的高度融合，是农村现代化顺应时代发展，走向更高发展阶段的表现。智慧新农村，就是将农村的生活（衣、食、住、行）、医疗、生产、娱乐和生态等核心系统整合到一个综合平台，借助物联网、大数据、云计算等信息技术植入智慧的理念，优化资源配置，从顶层设计上更好地控制农村的运营与发展，达到提高农民生活质量、农业生产增产增收、农村可持续发展的目的。

从目前智慧城市与智慧农村的建设内容来看，通信网络速度和覆盖面有待提高，物联网、云计算等技术的应用都离不开网络，智慧新农村首要是打造坚实的通信网络；然后，通过网络形成物物相连的物联网，构建一个智慧农村信息服务平台，为农民生活和农业生产提供具体的应用服务，促进农村管理效率，改善农民生活质量，提高农业生产经营效率。

建设智慧新农村，是一条具有前瞻性、实战性、可持续性的发展路径，也是顺应信息时代发展的全新农村建设模式。江苏省南京市高淳区是我国第一个"国际慢城"，并于 2013 年 8 月成功成为第二批国家智慧城市试点区（县）。目前，高淳区正以现有的设施和优势为基础，规划建设智慧宜居生态新区。根据《高淳区"互联网＋"实施方案（2015—2017 年)》的通知，高淳区建成了一个数据中心、一个公共信息平台，加强物联网、云计算、大数据、移动通信等技术手段支撑，推进物联网、云计算、移动互联网、3S 等现代信息技术在智慧环保、智慧交通、智慧社区、智慧医疗、智慧旅游、智慧城管、智慧农业和智慧水务等方面的具体应用，优化政府管理服务模式，提高全区信息化水平，实现城市管理精细化、居民生活精致化的愿景，最终达到宜居、宜业、宜游、富庶文明和谐的城市发展目标。智慧新农村总体架构如图 5-1 所示。

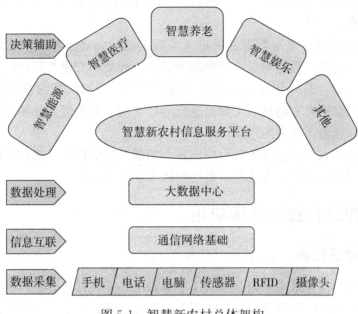

图 5-1 智慧新农村总体架构

（二）智慧新农村信息服务平台

智慧新农村信息服务平台构建要满足村民的信息需求，实现一个农村生态系统的基本要求，包含绿色能源、绿色医疗、绿色养老和绿色娱乐等各个智慧系统。智慧新农村信息服务平台的核心是一个软件平台，这个软件主要实现三大主要功能。

1. **系统集成**　将电子政务、智慧环境、智慧旅游、智慧医疗、智慧养老等各个智慧系统（包含手机端）集成到智慧新农村信息服务平台，所有平台上的软件使用相同的安全管理、数据管理、后台管理。所有软件都具有类似的界面风格和使用习惯，方便用户使用，达到良好的用户体验。

2. **智慧应用系统**　应用系统的智慧理念应该体现在具有强大的报表功能、综合性控制平台、报表的动态查询和生成，以及提供手机开发接口。各个智慧系统提供了海量的数据基础，能够提取数据生成固定格式的报表，并且通过一定的交付功能，能够进一步分析报表内容。用户可以自主查询多个智慧应用系统上的数据并生成动态报表。综合性控制平台能够从各个智慧系统中提取实时数据，从宏观上对整个智慧新农村信息服务平台做出综合判断。手机已经日益深入我们的生活，利用各式各样的手机 APP 也极大方便了我们的生活，智慧新农村信息服务平台应当提供手机开发接口，手机客户端能够与各个智慧应用系统兼容互通，实现数据共享。

3. 大数据分析　全球数据发展进入大数据时代，随着互联网、物联网、传感器等技术的发展，数据采集的数量高速增长，种类和来源多样化，实时性要求也更加高。比如，2011 年的日本大地震发生之后，美国国家海洋和大气管理局对接收的海量数据，实时地对大数据进行分析处理，在短短 9 分钟内发布了详细的海啸预警，拯救了更多的生命。

通过智慧新农村信息服务平台完成各个智慧系统的数据采集，根据采集原则自动采集源数据，放入处理流程，最终归档在平台服务器。

二、智慧新农村具体应用

（一）绿色能源

雾霾是当今社会最火话题之一，关于雾霾的各种各样的调侃，也在我们的朋友圈流传，比如"厚德载雾，自强不吸""为人民服雾"等。这种全民自嘲，其实是对环境危机的担忧，同时也透出了一种无可奈何的情绪。大规模城市化加速了雾霾的形成与发展，农村生态环境十分脆弱，智慧新农村的建设应该吸取教训，从源头上杜绝污染入侵农村。

归根究底，如果要治理环境，首先应该进行"能源革命"，绿色能源是智慧新农村最佳的发展方向。绿色能源也称清洁能源，洁净、不污染环境，有利于环境保护和维持良好的生态环境。狭义的绿色能源是指能源消耗之后可以补充，并且很少产生污染，具体包括水能、风能、太阳能等。广义的绿色能源包括天然气、核能和清洁煤等，选用这些能源对生态环境基本不产生污染。在智慧新农村的建设和发展过程中，要遵循以新能源代替传统能源、以可再生资源代替稀缺能源的原则，提高农村绿色能源的利用比重，保障农村生态环境。

整个智慧新农村的发展离不开能源，所以绿色能源的体系构建尤为重要，直接关系到智慧新农村的可持续发展。绿色能源在智慧新农村的利用可以从电网、信息、交通和消费四个方面着手。

电网是农村发展的重要的基础设施，大力发展智能电网，可以提高能源综合投资及利用效益，加快农村电网改造升级，对提高智能化水平具有现实意义。智能电网通过先进的设备技术，依靠通信网络，实现电网的可靠、安全、经济、高效、环境友好和使用安全的目标。农村相对城市中心，配电的复合集中度偏低、分散性更强，采用智能电网技术，可以利用它完善的数据基础，分析并准确获得和预测负荷的大小和地址，既满足用户用电需求，又降低配电网的线路损耗，提高配电电能质量。智能电网集成了新能源、大数据、物联网技术等前沿技术，是构建农村绿色能源体系的重要力量，引领全新能源生产和消费观。江苏省南京市高淳区作为国家智慧城市试点之一，引进易事特集团智能微电网项目，能够充分利用太阳能这一可再生能源为人类造福，创造更好的经济和社会效益。

随着信息化时代的不断发展，移动互联网、云计算、大数据、物联网等技术被广泛应用。运用绿色信息技术能够促使能源的消耗减少，扩大对资源的利用。例如，信息技术的设备可以为会议提供视频服务，从而减少人们飞机旅行以及其他差旅形式的频率，这样也就减少了对交通的压力。李克强总理在2015年政府工作报告中提出的"互联网＋"行动计划，将重点促进以云计算、物联网、大数据为代表的新一代信息技术与现代制造业、生产性服务业等的创新融合，信息技术可以贯穿一个产品全过程，包括产品的开发、生产、使用和废除。产品开发时需要将环境问题考虑在内；产品的生产过程必须在对环境有利的条件下进行；信息技术使用方法也需要考虑环保问题；信息技术中垃圾处理的方式同样要考虑对环境是否有利，所有这些阶段都是在绿色信息技术研发和绿色信息技术创新的支持下来完成的。

"绿色交通，低碳出行"的理念不断深入人心，智慧新农村发展绿色交通主要包含两个方面的内容：一是提供绿能电动单车、老年代步车、自动循迹无人驾驶电动车等低污染、适合农村环境的运输工具，利用物联网技术完成租借和维护工作；二是通过物联网等技术，建设统一、低碳的农村交通运输综合信息平台，深入推进交通资源的数据整合与共享、长途客运、实时公交、自驾出行等交通方式的互联网化，实现智慧、绿色、安全交通。

能源绿色消费是一种新型消费理念，提倡有意识的减少能源的消耗，减少对环境的污染，崇尚自然、追求健康。智慧新农村应当规划专用步行道、自行车道，保障人们绿色健康出行，减少汽车的利用率，从而降低碳排放，促进绿色生活方式建立和节能减排消费习惯的养成。

（二）智慧医疗

通过实施智慧医疗可以更好地关注、关爱、关心到社区居民。智慧医疗现阶段可以包含电子健康档案库、远程监护、远程诊断等功能。

1. 电子健康档案库　为每位社区居民建立电子健康档案，摒弃传统医师龙飞凤舞的手写病历，采用电子病历的方式记录就医问药的过程和结果，定期接受体检，所有数据统一保存在社区服务器中，居民可以通过身份证扫描查阅自己的健康档案。完整的电子健康档案，有助于依托大数据技术及数据挖掘手段，更细致地分析社区居民的健康状况，达到促进健康的目的，同时为应对突发公共卫生事件提供科学的决策依据。

2. **远程监护**　医疗监护经历了从原始手动，到半自动，再到自动，再到现今的无线智慧监护的发展过程。以血压计为例：

（1）原始手动阶段。使用水银血压计，通过手动按压增压泵，对人体血压的高压及低压值进行测量。特点：数据的采集、读取、记录全部由人工完成。

（2）半自动阶段。使用电子血压计，通过手动按压增压泵，对人体血压的高压及低压值进行测量。特点：引入了电子技术，将人工读取手段更新为机器自动化，但是数据的采集、记录仍然停留在人工阶段。

（3）自动阶段。使用电子血压计，通过电动增压泵，对人体血压的高压及低压进行测量（图5-2）。特点：逐步向智能化、便携化转变，从医院走向庭院。

（4）无线智慧监护阶段。使用无线电子血压计，通过电动增压泵，借助于无线物联网，对人体血压的高压及低压进行测量（图5-3）。特点：拥有实时动态的系统集成、远程多组网等功能。

图 5-2　电子血压计　　　　　　　图 5-3　无线电子血压计

以上为血压测量手段，智慧监护可以根据需要扩展到体温、脉搏、血糖、血氧等方面。所有监护工具均采用低功耗无线物联网技术，数据接入电子健康档案库，同时根据监护等级，对各项检测数据进行实时更新和预警，当社区居民中某位体征数据发生异常时，会及时通知本人、家属及医生，从而很好地解决报刊电视上所谓的"空巢"老人健康监护问题。

3. **远程诊断**　当远程监护数据出现异常时，数据库数据将会发送至附近社区医疗机构或者更大的综合医疗机构，根据异常数据进行远程诊断。

医生并非出现在社区现场，且监护对象也并非面对着医生，但是诊断医生可以通过查阅电子健康档案中的电子病历，并结合出现异常的监护数据进行病情、病理分析，进而得出远程诊断结果。

（三）智慧养老

农村留守老人偏多，子女大多外出打工，老人们也不愿意住进专门的养老院。智慧养老通过物联网技术将社区养老服务站、医疗机构、子女、老人、医疗检测设备等互相关联，构成一个老人住家享受养老与医疗服务的系统。

老人通过电话、手机 APP 或者专用设备预约陪同外出购物、就医、护理等服务，社区养老服务站按时上门提供服务。同时给老人配备医疗腕表、电子血压计、医疗床用感应垫等设备，随时记录老人的血压、心电、血糖等健康数据，实时传送到服务器数据库，实现数据共享，出现异常情况时，子女、社区养老服务站以及医疗机构都能及时察觉，医疗机构能够在第一时间提供远程诊断和紧急救助，保障老人的生命安全。智慧养老总体架构如图 5-4 所示。

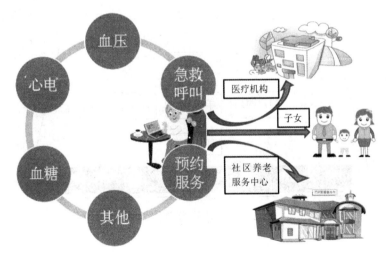

图 5-4　智慧养老总体架构

（四）智慧娱乐

智慧娱乐离不开物联网、云计算等新技术，通过 VR 虚拟游戏营销、智能小二、融合收款、微信公众号等多种手段促进智慧娱乐的发展，让商家更容易绑定消费者，同时降低自身经营成本，也为消费者带来了便利。比如餐厅预订座位、点菜电子化，无须等待，直接通过手机 APP 点菜和付费，不用带钱包，手机支付更便捷。

利用农村的自然生态环境，打造具有自身特色的旅游景点，增加亲子娱乐、农家乐、果树及农作物扫码认养等项目，吸引更多的游客来旅游，实现资源共享的同时，增加农民的收入，带动农村的经济发展。

智慧娱乐从属于智慧新农村，依托智慧新农村的一切有利基础资源和技术，发布旅游资源、旅游活动等信息，为游客提供导游、导览、导航、导购等一系列服务，将传统旅游与现代技术创新融合。比如，游客可以利用手机的 NFC 功能，只需碰一下标签，就能了解景点的介绍。目前，常熟智慧旅游项目已经包含了入园电子化、停车智能化、办公无纸化、服务数字化、营销网络化和监控自动化六大功能，有效推动了当地旅游产业的发展。智慧旅游总体架构如图 5-5 所示。

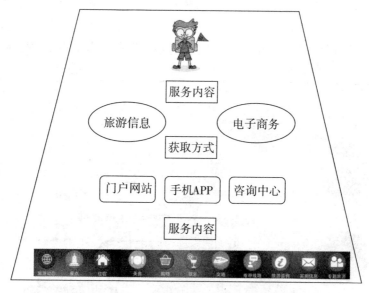

图 5-5　智慧旅游总体架构

大数据、云计算在智慧农业中的应用

一、大数据、云计算概述

(一) 大数据

1. **数据的定义**　对数据的理解不同，对数据定义的描述也不同。有人认为数据是对客观事物的逻辑归纳，用符号、字母等方式对客观事物进行直观描述。有人认为数据是进行各种统计、计算、科学研究或技术设计等所依据的数值，是表达知识的字符的集合。有人认为数据是一种未经加工的原始资料，数字、文字、符号、图像都是数据。数据是载荷或记录信息的按一定规律排列组合的物理符号。

2. **大数据的定义**　对于"大数据"，研究机构 Gartner 给出了这样的定义："大数据"是需要新处理模式才能具有更强的决策力、洞察发现力和流程优化能力的海量、高增长率和多样化的信息资产。根据维基百科的定义，大数据是指无法在可承受的时间范围内用常规软件工具进行捕捉、管理和处理的数据集合。大数据技术的战略意义不在于掌握庞大的数据信息，而在于对这些含有意义的数据进行专业化处理。换言之，如果把大数据比作一种产业，那么这种产业实现盈利的关键，在于提高对数据的"加工能力"，通过"加工"实现数据的"增值"。

大数据特指不仅数据容量大，尤其是因为数据形式多样化、非结构化特征明显，导致数据存储、处理和挖掘等异常困难的那类数据集，其中蕴含着巨大的应用价值。有资料显示，在实际应用中有超过 85% 的数据属于非结构化数据。多年来，人们熟悉的主要是基于结构化数据的分析与应用，关系型数据库一直主导着信息技术应用。典型的半结构化数据包括电子邮件、文字处理文件以及大量发布在网络上的新闻等；而非结构数据广泛存在于社交网络、互联网、物联网、电子商务之中，如办公文档、文本、XML、HTML、各类报表、图片、图像和音频/视频信息等。获取、存储、挖掘处理上述非结构化或半结构化的数据，正是大数据所面临的重要挑战。

3. 大数据的生命周期 高科技医疗技术和设备可以延续人的生命，那么什么可以实现信息生命的延续呢？在信息价值被特定主体利用殆尽之时，只是这些信息的某一方面用途的价值被使用，并不意味着这些信息没有任何价值，可能由于主体或主体信息需求的改变，可能由于信息技术的发展，也可能由于其关联信息的出现，使其成为非常有价值的信息或者非常有价值的信息集合中的关键信息。也就是说在特定时间和空间内，对于特定主体，信息的价值出现休眠状态。就像动物冬眠一样，外部环境适宜的条件下，动物将重新复苏。"休眠"一词，与"复苏"相对，在不适宜的外部环境下某些动植物的生命活动极度降低，此时为了降低能量损耗，其进入昏睡状态，一旦外部环境改善，适宜生存和生活时，重新苏醒过来，照常生长、活动。所谓信息休眠，就是在信息环境的局限下（比如关联信息不足、信息技术限制或主体信息需求消失），对于特定主体而言，某些信息的价值极度衰退，但并没有把这些信息清除，而是将这些信息暂存，此时这些信息进入"休眠"状态，一旦信息环境改善（比如关联信息充足、信息技术完善和主体新的信息需求出现），这些信息的价值"复苏"，并重新被利用，满足主体新的信息需求。信息价值的休眠是客观存在的，不以人的意志为转移。但被特定主体满足特需求完成之后，信息宿命有两条：一是清除，使其走向信息生命的终点———信息消亡；二是保存，依靠先进信息技术延续信息生命，使其处于信息休眠状态，等待其价值的复苏，被再利用，实现信息增值，信息消亡和信息休眠属于此消彼长的关系。

（二）云计算

云计算（cloud computing）是分布式计算技术的一种。其最基本的概念，是通过网络将庞大的计算处理程序自动分拆成无数个较小的子程序，再交由多部服务器所组成的庞大系统经搜寻、计算分析之后将处理结果回传给用户。

云计算，顾名思义就是计算"云"的方法。当然，这里的"云"不是蓝天中飘荡的白云。而是散布在因特网上的各种资源的统称。把因特网比喻为蓝天，把因特网上所有可以利用的资源称为"云"，利用因特网上的"云"来为我们服务，就称为"云计算"。

云计算的专业解释是这样的：云计算（cloud computing）是商业化的超大规模分布式计算技术。即：用户可以通过已有的网络将所需要的庞大的计算处理程序自动分拆成无数个较小的子程序，再交由多部服务器所组成的更庞大的系统，经搜寻、计算、分析之后将处理的结果回传给用户。

最简单的云计算技术在网络服务中已经随处可见并为人们所熟知，比如搜索引擎、网络信箱等，使用者只要输入简单指令即可获得到大量信息。而在未来的"云计算"的服务中，"云计算"就不仅仅是只做资料搜寻工作，还可以为用户提供各种计算技术、数据分析等服务。通过"云计算"，人们利用手边的电脑和网络就可以在数秒之内，处理数以千万计甚至亿计的信息，得到和"超级计算机"同样强大功能的网络服务，获得更多、更复杂的信息计算方面的帮助，比如分析DNA的结构、基因图谱排序、解析癌症细胞等。就普通百姓常用而言，在云计算下，未来的手机、GPS等终端都可以实现各种服务功能。

在云计算中，"云"不仅仅是信息源，还包括一系列可以自我维护和管理的虚拟的计算资源，比如大型计算服务器、存储服务器、宽带资源等。云计算将所有的信息资源和计算资源集中起来，由软件实现自动管理，无须人为参与。使用者只需提出目标，而把所有事务性的事情都交给"云计算"。可见，云计算不是一个单纯的产品，也不是一项全新的技术，而是一种产生和获取计算能力的新的方式。有人这样解释道：云计算是一种服务，这种服务可以是信息技术和软件，也可以是与互联网相关的任意其他的服务。

对于真正的"云计算"来说，信息资源、计算服务、软件支持和商业模式，这四大要素，一个都不能少。一句话概括起来：云计算就是网络计算的一个商业升级版。

二、农业大数据的应用

在市场经济条件下，农业的分散经营和生产模式，使得在参与市场竞争中对信息的依赖性比任何时候都更加重要：信息和服务的滞后，往往对整个产业链产生巨大的负面影响。由于市场经济的特点，农业生产很难在全国范围内形成统一规划，致使农业生产受市场波动影响颇大，而且农业生产很多方面是依靠感觉和经验，缺少量化的数据支撑。

大数据的发展为各行各业带来了深刻变革。那么，农业大数据到底是什么？

简而言之，一切与农业相关的数据，包括上游的种子、化肥和农药等农资研发，气象、环境、土地、土壤、作物、农资投入等种植过程数据，以及下游的农产品加工、市场经营、物流、农业金融等数据，都属于农业大数据的范畴，贯穿整个产业链。农业大数据之所以大而复杂，是由于农业是带有时间属性和空间属性的行业，因而需要考虑多种因素在不同时间点和不同地域对农业的影响。大数据在农业中的主要应用情况如图 6-1 所示。

我国作为农业大国，每年都在农业领域积累大量数据。这些数据不仅仅涉及

开发新的种质资源
　　发现和获取作物的基因图谱，通过海量数据支撑的高通量育种理念，更快更好地将信息化为新品种

供应链影响
　　大数据技术和信息会引起整个供应链从农资端，到种植端，再到加工流通过程，最后引发整个供应链的变革

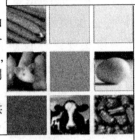

精准种植
　　大数据和精准农业不是同义词。大数据通过大量精准种植实践得到关键信息，所取得的结果可以通过精准种植技术来实践

农产品溯源系统
　　利用传感器和分析工具防止作物变质和食源性疾病

图 6-1　农业大数据应用

耕地、播种、施肥、杀虫、收割、存储、育种等作物生产全过程的各环节，而且还涉及跨行业、跨专业、跨业务的数据分析与挖掘，以及结果的展示与应用，乃至整个产业链的资源、环境、过程、安全等监控与决策管理等方面的农业信息，可以经过有效分析和研究为未来智慧农业做出指导。通过对大数据在智慧农业中的内涵与目前的主要应用的分析，可以进一步探究大数据背景下智慧农业发展的可实施性策略，以期促进智慧农业的全面普及和发展。

　　随着精准农业、智慧农业、物联网和云计算的快速发展要求，农业数据也呈现爆炸式的增加，数据从存储到挖掘应用都面临巨大挑战。物联网在农业各领域的渗透已经成为农业信息技术发展的必然趋势，也必将成为农业大数据最重要的数据源。大量的农业工作者和管理者，既是大数据的使用者，也是大数据的制造者。农业生产过程的主体是生物，易受外界环境和人的管理等因素影响，存在多样性和变异性、个体与群体差异性等，都决定了对数据的采集、挖掘与分析应用的难度。如何挖掘数据价值、提高数据分析应用能力、减少数据冗余和数据垃圾，是农业大数据面临的重要课题。

（一）农产品生产的大数据应用

　　提高整个生产过程（设施种植业、设施养殖业包括畜禽和水产等）的精准化

监测、智能化决策、科学化管理和调控，是农业信息化的紧迫任务。

我国对于大数据在农业中的应用虽然刚刚起步，仍处于初级阶段，还存在很多不足，但是各级政府高度重视，企业和公众广泛关注。2012年，党的十八大提出了促进工业化、信息化、城镇化、农业现代化的"四化同步"发展战略，高屋建瓴总揽全局对农业发展提出了战略目标；2013年1月，工业和信息化部、发展和改革委员会、国土资源部等五部委联合发布了《关于数据中心建设布局的指导意见》，2014年工业和信息化部发布了《云计算白皮书》《大数据白皮书》等，国家对大数据的大力支持，有利于大数据的健康有序发展。北京派得伟业科技发展有限公司是由北京市农林科学院与北京农化信息技术研究中心共同投资组建的一家从事农业、农村信息化软硬件开发系统及系统集成、销售和服务的公司。该公司为北京市大兴区农村工作委员会提供了农产品质量安全监管系统服务，对大兴区主要农产品产前、产中、产后的关键环节进行监管，形成了"源头可追溯、流通可追踪、信息可查询、责任可追究"的完整的农产品安全监管体系。2013年山东农业大学组建了农业大数据中心，并牵头成立了农业大数据产业技术创新战略联盟，专业研究农业大数据的应用。该产业联盟拥有农产品价格数据库、涉农经济主体专利信息数据库、涉农经济主体统计信息数据库、农产品对外贸易数据库、世界农业经济数据库和中国宏观经济数据库等，以及中国畜牧业统计数据库、种植业数据库、林业数据库在内的各类专业数据库，这一系列数据库组成了数据集群，为农业大数据的进一步发展打下了坚实的基础。在2015年1月19日召开的第二届互联网金融全球分会上，山东农业大学校长温孚江先生介绍了该联盟应用大数据技术创新的智慧奶牛研究成果。该套系统可以实时采集奶牛养殖过程中的相关数据并储存，然后与历史数据结合进行建模分析，对奶牛养殖实行精细化管理，达到提高奶牛养殖技术管理水平的目的。我国目前正在积极探索农业大数据的实际运用，政府、企业广泛参与，未来大数据将更多地改变我们的生活，在提高粮食生产力、生产优质农产品等方面发挥重要作用。

1. **大数据加速作物育种**　传统的育种成本往往较高，工作量大，需要花费十年甚至更长的时间。而大数据缩短了此进程。生物信息爆炸促使基因组织学研究实现突破性进展。首先，获得了模式生物的基因组排序；其次，实验型技术可以被快速应用。

过去的生物调查习惯于在温室和田地进行，现在已经可以通过计算机计算进行，海量的基因信息流可以在云端被创造和分析，同时进行假设验证、试验规划、定义和开发。在此之后，只需要有相对很少一部分作物经过一系列的实际大田环境验证。这样一来育种家就可以高效确定品种的适宜区域和抗性表现。这项新技术的发展不仅有助于更低成本更快的决策，而且能探索很多以前无法完成的事。

传统的生物工程已经研究出具有抗旱、抗药、抗除草剂的作物。在育种过程中使用大数据技术，将进一步提高作物质量、减少经济成本和环境风险；开发出的新产品将有利于农民和消费者，例如高钙胡萝卜、抗氧化剂番茄、抗敏坚果、抗菌橙子、节水型小麦、含多种营养物质的木薯等。

2. 以数据驱动的精准农业操作　农业很复杂，作物、土壤、气候以及人类活动等各种要素相互影响。近几年，种植者通过选取不同作物品种、生产投入量和环境，在上百个农田、土壤和气候条件下进行田间小区试验，就能将作物品种与地块进行精准匹配。

如何获得环境和农业数据？通过遥感卫星和无人机可以管理地块和规划作物种植适宜区，通过传感器、摄像头等各种终端和应用来收集和采集农产品的各项指标，并将数据汇聚到云端进行实时监测、分析和管理，可实现对生产环境的精准监测，预测气候、自然灾害、病虫害、土壤墒情等环境因素，监测作物长势，指导灌溉和施肥，预估产量。随着 GPS 定位导航能力和其他工业技术的提高，生产者们可以跟踪作物流动，引导和控制设备，监控农田环境，精细化管理整个土地的投入，大大提高生产力和盈利能力。

数据快速积累的同时，如果没有大数据分析技术，数据将会变得十分庞大和复杂。数据本身并不能创造价值，只有通过有效分析，才能帮助种植者做出有效决策。曾在美国航空航天局从事多年遥感数据分析的张弓博士指出，"大数据分析的技术核心是机器学习，快速、智能化、定制化地帮助用户获取数据，获得分析结果，进而做出种植决策，提高设施和人员使用效率。机器学习的另一个好处是，随着数据不断积累，分析算法将更准确，帮助农场做出更准确的决策。"张弓博士2016年回国成立佳格数据，致力于通过遥感获取农业数据，帮助客户"知天而作"，利用气象、环境等数据来支持农业种植及上下游的决策。

（二）农产品流通的大数据应用

目前，我国农产品流通是以农产品批发市场为核心的农产品供应链，如图 6-2 所示。未来基于大数据的农产品流通将包括产地环境、产业链管理、产前产中产后、贮藏加工、市场流通领域、物流、供应链与溯源系统等信息数据，大数据运用将会重组农产品供应链，通过获取实时过程数据，虚拟化供应链的流程，并与农产品生命周期直接关联，射频识别技术、GPS、传感器等技术在农产品供应链中的应用，对产生的大量数据进行分析、挖掘，为农产品质量安全治理提供及时精确的信息，为农产品质量安全治理工作提供了强有力的支撑。大数据在农产品供应链中的应用如图 6-3 所示。

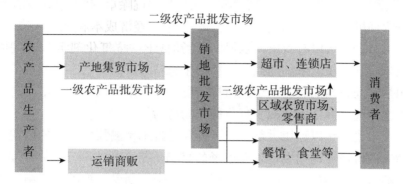

图 6-2 以农产品批发市场为核心的农产品供应链

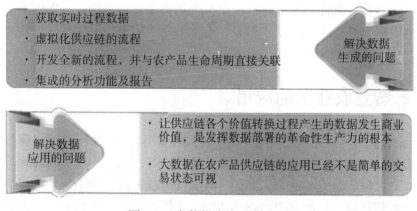

图 6-3 大数据农产品供应链

基于大数据建立起来的农产品冷链物流协同信息平台，将实现信息实时共享。在农产品冷链物流环节中，包括配送温度监控（货物温度实时监控）、订单跟踪（车辆跟踪，跟踪订单的车辆运输情况）、车辆轨迹（车牌号、开始时间、结束时间、配送轨迹），通过大数据将物流基础设施、物流各环节、各节点、各功能有效利用起来，避免了"信息孤岛"的出现。通过农产品冷链物流协同信息平台，可以实现智慧物流，提高农产品物流效率与效益。

（三）农产品销售的大数据应用

当下我国农产品，生产较为分散、规模小、组织化程度低，加上农产品的流通体系不健全，使我国农产品市场的信息严重不对称，造成了农产品价格波动大，销售情况呈两极分化趋势。出现了许多现实的例子，比较典型的是"蒜你狠""豆你玩"。如何解决农产品价格剧烈波动，保护农民权益，是摆在政府和农民面前的大问题。

利用大数据，可以有效解决农民和市场信息不对称的难题。以猪肉为例，通过大数据技术，不仅能够细化到每头猪的生长情况、饲养状态、位置信息、健康情况、出栏时间、预期收益，还能对接市场，进行市场调查，对市场需求、价格波动等情况全面掌握，大大减少盲目的市场行为。

从远期来说，可以运用大数据、云计算等技术预测猪肉价格的周期变化，从而得出猪肉的价格波动周期，现在市场的猪肉价格变化大概 3～5 年为一个完整周期，少的时候 2 年多，多的时候 5 年多，这个周期受多重因素影响，例如天气情况、传染病防治好坏、国家相关政策调整、农民的收入、饲料价格浮动等，同时又跟人们的生活水平以及消费心态有关。通过云计算、大数据对庞大的数据进行研究、分析、判断，从而建立一个全面的养猪信息系统，全国所有养猪的农户，能够获取有效的养殖、销售信息，必然能使养猪更加科学化、合理化，进而保证农户的经济利益和消费者的利益。

三、智慧农业云的应用

"慧云农业云"立足现代农业，融入物联网、移动互联网、云计算技术，借助个人电脑、智能手机，即可实现对农业生产现场气象、土壤、水源环境的实时监测，并对大棚、温室的灌溉、通风、降温、增温等农业设施实现远程自动化控制。结合视频直播、智能预警等强大功能，系统可帮助广大农业工作者随时随地掌握农作物生长状况及环境变化趋势，为用户提供一套高效便捷、功能强大的农业监控解决方案。"慧云农业云"系统包括监控中心、报表中心等。系统框如图6-4 所示。

1. 监控中心功能

（1）随时了解农业现场数据。在监控中心可结合园区平面图直观显示农业生产现场的气象数据、土壤数据以及各种农机设备运行状态。

气象数据：空气温度、空气湿度、光照时长、光照度、降水量、风速、风向、二氧化碳浓度等。

土壤数据：土壤温度、土壤含水率、土壤张力、土壤 pH、土壤 EC 等。

设备状态：灯光状态、卷帘状态、水泵压力、阀门状态、水表流量、车辆位

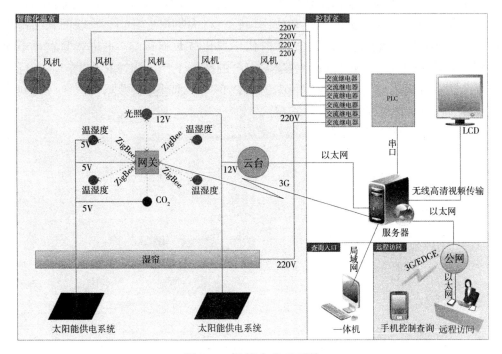

图 6-4　智慧农业云系统

置等。

（2）视频图像实时监控。可通过 360°视频监控设备以及高清照相机对农业生产现场进行实时监控，对作物生长情况进行远程查看。同时可根据设定，对视频进行录像，随时回放。

（3）远程自动控制。采用全智能化设计的远程控制系统，用户设定监控条件后，可完全自动化运行，远程控制生产现场的各种农用设施和农机设备，快速实现自动化灌溉，以及智能化温室大棚建设。

（4）智能自动报警。根据作物种植所需环境条件，对系统进行预警设置。一旦有异常情况发生，系统将自动向管理员手机发送警报，如高温预警、低温预警、高湿预警等。预警条件触发后，系统可自动对农业生产现场的设备进行自动控制以处理异常情况，或由管理员干预解除异常。

2. 报表中心功能　对比查看园区数据，可对比查看多个园区的数据情况，也可查看单个园区数据情况；可按日、周、月等时间段或自定义时间段查看数据报表。支持 Excel 表格导出、图片导出、报表打印，方便企业的人员管理。

基于大数据的理论和技术，不断推进农业大数据技术的创新与应用实践，结合国家农业现代化和农业信息化发展战略，突破农业大数据的一些关键技术，谋划和凝练一批农业大数据的示范和应用项目，将大数据提升到与物联网和云计算同等重要的地位，抢占大数据这一新时代信息化技术制高点，推进智慧农业不断发展。大数据时代，不仅可以通过建立综合的数据平台，调控农业生产，还可以记录分析农业种养过程、流通过程中的动态变化，通过分析数据，制定一系列调控和管理措施，使农业高效有序发展。

智慧农业发展趋势和前景展望

一、智慧农业发展面临的机遇与挑战

(一) 智慧农业发展面临的机遇

我国农业农村信息化已经由起步阶段进入快速推进阶段，农业高产、优质、高效、生态、安全的要求更加迫切，农业生产方式逐渐向集约化生产、产业化经营、社会化服务、市场化运作、信息化管理转变，这些变化都迫切需要现代信息技术的支撑。农业信息技术的应用将从单项技术应用向综合集成技术应用过渡，以农业物联网为代表的信息技术将为农业农村信息化的发展带来强劲的推动力。农业物联网的发展正迎来四个历史发展机遇：一是随着国家对战略性新兴产业扶持力度的加大所面临的产业发展机遇；二是随着现代信息技术和物联网关键技术的突破所面临的技术发展机遇；三是随着现代农业迅速推进农业物联网应用需求增加所面临的市场发展机遇；四是随着国家和地方对农业物联网发展重视程度的提高所面临的国家重大工程建设机遇。

(二) 智慧农业发展面临的挑战

我国农业物联网总体而言还处于起步阶段，关键技术还不成熟，这些关键技术主要包括先进传感机理与工艺（农业光学传感技术、微纳传感技术、生物传感技术）、高通量、快处理、大存储的无线传感网技术、农业云计算与云服务（模型、方法与平台）技术等。

农业物联网技术的应用跨度大、产业分散度高、产业链长和技术集成性高，因此从时间成本到经济成本都难以短时间内大规模启动市场。高校和科研院所研究人员已取得专利和已发表过论文的成果虽然水平达到了一定的高度，但离产业化还有一些距离，还要继续进行实用性实验验证。由于农业物联网处于发展初期，投入大、风险高、周期长、缺乏用户需求的持久动力，成果转化与产业化成本高，企业不敢"接盘"，参与热情不高。一些比较积极的企业都只是在做局部的产品研发和小规模的应用实验，还难以形成规模化的产业发展格局。农业物联网的开发还缺乏适于农业生物与环境条件下使用的低成本的传感技术，还缺乏面向不同应用目标的信息智能化处理技术，还缺乏科技成果转化为产业化发展的运行模式，产业化程度低也带来了农用感知设备成本高的问题。总体来说，农业物联网应用的产业链尚未建立起来，产业链能力亟待提升。

在物联网总体标准的制定上，我国基本保持了与国际同步，这在以往新兴产业的发展中十分罕见。但是，在农业物联网整体标准的规范上，目前国内还没有一套具体、详细可靠的方案。

从农业物联网科技化程度来看，与农业生产流通密切相关的传感技术、生物技术、新一代信息处理技术等行业，被列为现阶段的战略性新兴产业，体现了政府对现代科技在农业发展中地位的肯定，但是与发达国家相比，目前我国对农业物联网的投入及科技成果转化水平仍然存在一定的提升空间，政府在这方面的政策的扶持力度还没有达到西方发达国家对农业扶持的水平。

二、智慧农业发展趋势

农业物联网关键技术与产品的发展需经过一个培育、发展和成熟的过程，其中培育期需要 2~3 年，成熟期需要 5 年，预计农业物联网的成熟应用将出现在"十三五"规划末期即 2020 年左右。总体看来，我国农业物联网的发展呈现技术和设备集成化、产品国产化、机制市场化、成本低廉化和运维产业化的发展趋势。

从宏观来讲，物联网技术将朝着规模化、协同化和智能化方向发展，同时以物联网应用带动物联网产业将是全球各国物联网的主要发展趋势。农业物联网的发展也将遵循这一技术发展趋势。随着世界各国对农业物联网关键技术、标准和应用研究的不断推进和相互吸收借鉴，随着大批有实力的企业进入农业物联网领域，对农业物联网关键技术的研发重视程度将不断提高，核心技术和共性关键技术突破将会取得积极进展，农业物联网技术的应用规模将不断扩大；随着农业物联网产业和标准的不断完善，农业物联网将朝协同化方向发展，形成不同农业产业实体间、不同企业间乃至不同地区或国家间的农业物联网信息的互联互通操作，应用模式从闭环走向开环，最终形成可服务于不同应用领域的农业物联网应用体系。随着云计算与云服务的发展，农业物联网感知信息将在真实世界和虚拟空间之间智动化流动，相关农业感知信息服务将会做到随时接入、随时获得。

从微观来讲，农业物联网关键技术涵盖了身份识别、物联网架构、通信、传感器、搜索引擎、信息安全、信号处理和电源与能量存储等关键技术。总体来讲，农业物联网技术将朝着更透彻的感知、更全面的互联互通、更深入的智慧服务和更优化的集成趋势发展。

三、智慧农业发展对策与建议

（一）强化智慧农业技术创新与示范推广

1. **推动新技术新产品研发应用** 发挥科研、推广、市场等多主体的创新服务作用，鼓励大专院校、科研院所、企业紧密合作，吸引高水平企业，开展农业物联网技术攻关与设备研发，形成一批国家级、省级农业物联网研发载体，创新一批精准化监测控制技术，熟化一批农业物联网成套设备，制定一批农业物联网应用标准，让智慧农业技术成为重要的"藏粮之技"。

2. **推动现代农业载体率先示范** 开展智慧农业示范基地创建，通过构建畜禽养殖、水产养殖、设施园艺、大田作物等行业农业物联网服务平台，形成一套可复制、易推广的应用模式，引导农业物联网应用向现代农业园区、科技示范园区、农产品加工集中区及规模种养基地等各类现代农业载体集聚。推动现代农业园区创新公共服务机制，整合园区内生产经营主体信息资源，搭建物联网管理服务平台，开展数据采集、监测分析、质量溯源、在线指导等服务，实现农业生产自动化、可控化、智能化。

3. **推动农业物联网向全行业全产业链扩展** 引导农业生产经营主体主动应用农业物联网技术，在畜禽养殖领域，推广环境调控、定量饲喂、疫情监测、防疫标识等精准化控制系统；在水产养殖领域，推广水体溶解氧智能控制、鱼类病害监测预警、养殖尾水监测和饵料自动精准投喂等系统；在园艺生产领域，推广肥水一体化自动喷滴灌、生产环境监控和病虫害预警、食用菌工厂化生产智能监控等系统；在大田种植领域，推广精量施肥、灌溉及病虫测报等系统，开展大田气候环境自动监测；在农产品加工领域，推广应用 ERP 等管理系统，完善业务流程，合理调配资源，确保生产经营管理全程可控；在农产品流通领域，推广产品标识化和监控技术，实现农产品质量信息可追溯；在农机作业、林业等领域，利用地理信息技术及传感技术推进农机作业调度、森林防火及病虫害监测智能化。

（二）引导农业农村电子商务健康发展

1. **推进特色产业与电子商务融合发展** 开展农业农村电子商务示范基地建

设，通过以县统筹、以镇带村，发展优势产业，培育特色小镇。结合"一村一品""一镇一业"，支持农业生产经营主体开设网店、微店等，发展农产品网上销售、大宗交易、订单农业等电子商务业务。实施电子商务扶贫行动，引导农业农村电子商务向重点集中连片、经济薄弱区倾斜，帮扶地方发展特色产业、提高农民收入。加强各农展中心与各类电子商务互动互补，使之成为推介地方特色农产品的实体平台。推动农产品生产由生产导向向消费导向转变，积极打造特色产业全产业链电子商务发展模式，搭建特色农产品单品电子商务平台，实现农产品生产、加工、销售全程可追溯，促进广大农民就业创业，推动农业结构调整，增强农业发展动力。

2. 推进实施农业农村电子商务品牌化战略　强化农产品标准化、精深化、差异化加工和包装设计，挖掘农产品文化内涵和功能，加强线上线下宣传，打造一批富有地方资源特色、品质特色、功能特色和文化内涵，市场知名度高和竞争力强的农业农村电子商务品牌。推进电子商务与实体相结合、线上与线下相融合，创新农业电子商务营销方式，放大品牌集聚、资源整合效应，培育农村一二三产业融合发展新业态。支持农业龙头企业对接"一带一路"倡议实施，开展农产品跨境电子商务，输出地方优质农特产品。

3. 推进农业农村电子商务营销体系建设　支持知名电子商务开设农业农村电子商务地方特色馆，推动建设县域农业农村电子商务服务中心、乡镇电子商务服务站和村电子商务服务点，逐步建立县、乡、村三级农业农村电子商务服务体系。鼓励电子商务企业发展农业农村电子商务，加强自营平台建设，有效对接市场需求，拓展农产品、农业生产资料、休闲观光农业等网上营销。鼓励农业农村电子商务园区、电子商务服务企业建立电子商务联盟，开展社会化服务，促进建立健全服务体系、质量安全追溯管理系统和投诉处理机制，推动农业农村电子商务加快发展。持续实施农业农村电子商务培训，打造农业农村电子商务营销队伍。

4. 推进农业农村电子商务基础设施建设　加强农业农村电子商务物流渠道、农村宽带、道路交通等基础设施建设，鼓励有条件的地方建设农业农村电子商务产业基地、物流园、创业园，改善农业农村电子商务发展条件。合理规划物流资源，积极发展产地预冷、冷冻运输、冷库仓储、定制配送等全冷链物流，构建适合农产品电子商务发展的物流配送体系。鼓励产地和销地农产品批发市场，更多应用现有的市场流通基础设施、质量检测设备、产品流通渠道等，发展农业农村电子商务。

(三) 提高信息进村入户为农服务能力

1. 推进"益农信息社"建设 优先选择有村集体经济支持的村综合服务中心及声誉好、实力强的农资商场和超市、专业合作组织作为"益农信息社"建设载体,增强村级社活力。按照有场所、有人员、有设备、有宽带、有网页、有持续运营能力的"六有"标准,提升"益农信息社"软硬件设施建设水平,重点培育一批资源配置好、可持续发展能力强的村级示范社。加大对"益农信息社"信息员诚信守法、风险防控、规章制度、业务知识与技能等培训,建立绩效考核制度,不断提高信息员服务能力和素质。

2. 提升为农信息服务水平 紧密围绕信息需求,加强信息进村入户指导服务,提高农业公益、便民、电子商务和培训体验等服务水平,推进城乡要素平等交换、合理配置和基本公共服务均等化。强化"12316"惠农短信、平安农机通及热线服务,汇集服务资源,完善服务措施,提升服务能力。鼓励开发基于APP应用的农业信息服务产品,推进公益服务上线、涉农信息共享,为农民群众提供精准化、个性化的信息服务。

3. 探索建立可持续运营机制 充分引入市场化机制,因地制宜、整合资源,推动"益农信息社"与金融、邮政、通信、电子商务等运营商、平台服务商合作,引导"益农信息社"与村委会、村级电子商务服务站、村邮站、农民专业合作社等基层站点融合发展。引入水电气、金融保险、社会保险、医疗卫生、代销代购等社会化服务,拓展服务内涵,提升造血功能,增强自我发展能力。发挥现代农业产业技术与推广体系优势,利用"益农信息社"为农民提供技术咨询和培训。

(四) 提升农业信息管理服务效能

1. 加强农业信息系统建设 利用移动互联网构建新型工作平台、管理模式,加快推动农业资源、农技推广、农村"三资"(资金、资产、资源)、农业执法、农产品质量、动物和动物产品安全监管、现代农业园区等管理系统建设,构建省、市、县一体的实时化、网络化、智能化农业综合管理系统。省级重点加强系统平台建设和信息分析预测,市县充分运用平台开展信息采集和信息服务。

2. 强化管理服务应用 充分发挥各类农业信息管理系统的作用,加大信息数据监测、采集和分析运用力度,开展远程监视、监测、监督,及时发布技术指导、预测预警、防灾减灾、疫病防控等信息,提高管理服务网络化水平。推动农业部门政务数据与涉农部门数据、社会数据、互联网数据等关联分析和融合利用，完善"12316"短信、微博、微信、APP 等惠农平台功能，提供惠农政策、农业生产管理与防灾减灾、农产品价格变化与市场预报等服务。

3. **健全完善工作机制**　建立适应新形势、新要求的农业信息工作制度，健全上下协同、运转高效的信息采集队伍，形成信息采集、分析和发布机制，推进信息采集数据标准化建设。开展农业系统人员信息化技能培训，提高信息平台实践应用水平，推动管理服务方式转变，提高管理服务效能。

（五）推动农业大数据建设应用

1. **开展大数据平台建设**　在全省已有农业信息数据基础上，加快实现互联互通，集合遥感、土地利用现状、基本农田以及基础地理等多源信息，搭建农业大数据平台，各省份建立国家涉农大数据省级分中心。综合统筹管理种植业、养殖业、水产业、休闲观光、农产品质量、土地流转、农村资产及农业农村电子商务、农业市场信息等数据，开展数据汇集、数据整理和系统开发，加强数据的动态获取、分析及应用，形成"农业一张图"，为政府部门、市场主体等提供服务。

2. **提升农业数据采集能力**　研究制订信息采集制度和技术规范，构建涵盖涉农产品、资源要素、产品交易、农业技术、政府管理等内容的数据采集体系。巩固提升现有统计监测手段，拓展物联网数据采集渠道，应用遥感、传感器、智能终端等技术装备，不断改进数据采集方法，实时采集农业资源环境、生产过程、加工流通等数据，提高数据采集的自动化程度和精准度。

3. **加强数据分析利用**　鼓励社会力量特别是高新技术企业，运用数据挖掘和分析、知识发现等技术，建立数据分析模型、专家智能决策系统，为农业生产经营的趋势分析、价值发现、预报预警等提供有力支撑。加强农业大数据分析，着重研究农产品生产、消费、价格、成本等重要数据，把握农业农村经济运行变化趋势，提高农业农村宏观指导的科学性、预见性和有效性。

4. **强化数据共建共享**　建立完善信息共建共享工作机制，注重农业行业信息资源数据积累，建立数据交互平台，以数据资源共享促进数据采集、带动数据开发利用，推进省市县之间、政府部门之间、农业部门内设机构之间，加大数据内部整合和外部交换力度，强化数据互联互通，促进资源融合共享。

参考文献

白雪，2015. 大数据在内蒙古农业生产经营中的应用 ［D］. 呼和浩特：内蒙古农业大学.

傅泽田，2015. 互联网＋现代农业：迈向智慧农业时代 ［M］. 北京：电子工业出版社.

贾越颖，2015. 利用大数据带动农产品的智慧营销 ［J］. 商场现代化（12）：72-72.

江洪，2015. 智慧农业导论：理论、技术和应用 ［M］. 上海：上海交通大学出版社.

李道亮，2012. 农业物联网导论 ［M］. 北京：科学出版社.

孙忠富，杜克明，郑飞翔，等，2013. 大数据在智慧农业中研究与应用展望 ［J］. 中国农业科技导报（6）：63-71.

王锋，赵军，2006. 未来智慧小镇什么样 ［N/OL］. 农民日报，11-30（8）［2017-11-23］. http：//szb. farmer. com. cn/nmrb/html/2016-11/30/nw. D110000nmrb ＿ 20161130 ＿ 1-08. htm？div＝-1.

王丘，徐珍玉，2015. 农业电子商务应用手册 ［M］. 北京：化学工业出版社.

王玉洁，2014. 物联网与智慧农业 ［M］. 北京：中国农业出版社.

温孚江，2015. 大数据农业 ［M］. 北京：中国农业出版社.

文燕，李敏，2016. 大数据在智慧农业中的应用与实现 ［J］. 科技展望，26（26）.

杨正洪，2014. 智慧城市：大数据、物联网和云计算之应用 ［M］. 北京：清华大学出版社.

中关村大数据产业联盟，清华大学两岸发展研究院，2016. 互联网＋农业：大数据引爆农业产业结构变革 ［M］. 北京：中国社会出版社.

中国电信智慧农业研究组，2013. 智慧农业：信息通信技术引领绿色发展 ［M］. 北京：电子工业出版社.

图书在版编目（CIP）数据

物联网技术与智慧农业／姚振刚主编．—北京：中国农业出版社，2018.9
江苏省新型职业农民培训教材
ISBN 978-7-109-23893-0

Ⅰ.①物…　Ⅱ.①姚…　Ⅲ.①互联网络－应用－农业－技术培训－教材②智能技术－应用－农业－技术培训－教材　Ⅳ.①TP393.4②S126

中国版本图书馆 CIP 数据核字（2018）第 013873 号

中国农业出版社出版
（北京市朝阳区麦子店街 18 号楼）
（邮政编码 100125）
责任编辑　许艳玲
文字编辑　李兴旺

北京万友印刷有限公司印刷　新华书店北京发行所发行
2018 年 9 月第 1 版　2018 年 9 月北京第 1 次印刷

开本：720mm×960mm 1/16　印张：5.75
字数：93 千字
定价：14.50 元
（凡本版图书出现印刷、装订错误，请向出版社发行部调换）